# 西川綾子の花ぐらし

## ——育てる・彩る・愛でる

西川綾子
Nishikawa Ayako

創森社

# 西川綾子の花ぐらし ―― 育てる・彩る・愛でる

# はじめに

幼いころから花が大好きで、長年勤める水戸市植物公園で花の仕事をしていても足りず、自宅でもハーブ、イングリッシュローズ、ヘメロカリス、食虫植物、ギボウシ、サザンカ、ツバキ、山野草、洋ランなど、多くの花たちに囲まれて暮らしています。

最近は人の名前をなかなか思い出せないのですが、不思議なことに、花と初めて出会った瞬間は、今も鮮明に覚えています。

花にはいにしえの時代から、人々と築き上げてきた文化があります。伝説や言い伝え、かかわった人々のエピソードなどを知ると興味が湧いて、ほかの方にも教えてあげたくなり、ますます花が大好きになりました。

小学生のとき担任の先生から習ったのは、スミレの花ことばで「誠実」。今も心の宝箱にしまっている大好きなことばです。春に咲くスミレに出会うと「誠実」ということばを心のなかでつぶやくようになり、花ことばに関する文献を集めるきっかけにもなりました。

また、昭和という時代が大好きで、私が育った下町の生活の音や子どもたちの笑い声、

ムスカリ

# はじめに

昔から続く風習や楽しい文化など、気がつくと消えてしまいそうな貴重な情報をつぎの世代に伝えたく、文章で残しておきたくなりました。

そこで、私のまわりで咲いていた花たちとともに、昭和から平成の時代の思い出のワンシーンをみなさまにお届けいたします。思わずニッコリほほえんだり、ちょっと胸がキュンとしたり、すべてがキラキラ輝いていた少女時代のエピソードもあったり……。あの時代を経験されたみなさんなら、共感していただける懐かしいエピソードもあるかもしれません。

そんな私の花物語に、おつきあいくださいませ。

２０１７年　仲冬

西川　綾子

ボタン

ヒメキンセンカ

もくじ



## 第2章　夏の花を愛でて

ボケ

皇帝ダリア



## 第3章　秋の花を慈しむ――139

パンジー

## ・MEMO・

◆植物名はカタカナ表記を原則とし、必要に応じて( )内に漢字を記しています。また、学名、科・属名、花ことばも載せています

◆開花期、園芸作業などは関東、関西の平野部を標準にしています

◆年号は西暦を基本にしていますが、必要に応じて和暦も併載しています

◆本文は朝日新聞(茨城県版)にほぼ毎週1回(2013年1月～2017年3月)掲載されたコラムから108篇を抜粋し、四季に編纂したものです。収録にあたり登場人物の所属、役職などはおおむね掲載当時のままとし、部分的に修正したり割愛・加筆したりしています

### 〈主な参考・引用文献〉

『魅せる花づくり～花壇・寄せ植えのデザイン～』
江尻光一・西川綾子著(家の光協会)
『春山行夫の博物誌Ｉ 花ことば 花の象徴とフォークロア１・２』
春山行夫著(平凡社)
『花言葉・花贈り』濱田豊監修(池田書店)
『花の王国　１園芸植物・２薬用植物・３有用植物・４珍奇植物』
荒俣宏著(平凡社)
『英米文学　植物民俗誌』加藤憲市著(冨山房)
『花を愉しむ事典』
Ｊ・アディソン著、樋口康夫・生田省悟訳(八坂書房)
『植物分類表　第３刷』大場秀章著(アボック社)
『食べる薬草事典』村上光太郎著(農文協)
『水戸藩にまつわる薬草』(水戸市植物公園)

# 季節を彩る花とともに

（　）内の数字は本文掲載頁

## Spring

ムラサキハナナ。薄紫色の花が群落で咲く（P56 ～）

ミモザはアカシアの仲間の総称（P58 ～）

畑や道端で見かけるホトケノザ（P52 ～）

ハゴロモジャスミンは香りのよい白い花をつける（P28 ～）

シラネアオイは薄紫の上品な花を咲かす（P70 ～）

ヤグルマギクはヨーロッパ原産のキク科植物（P80 ～）

豪華な花のアマリリス

耐寒性があり、光を好むプリムラ（P20 ～）

ミソハギは小さな花を穂のようにつける（P114 ～）

パンダスミレとも呼ばれる
ツタスミレ（P122 ～）

深紫色の気品ある花が咲く
オダマキ（P90 ～）

ユリノキの花はチューリップの形に似ている（P96 ～）

ゲッカビジンははなやかな
一夜花（P120 ～）

和風の庭に似合うキキョウ（P134 ～）

愛らしい花姿の
ツキミソウ
（P110 ～）

キス・ミーとささやく
ハナキリンの花

秋遅くまで観賞できるワレモコウ（P168 ～）

ムラサキシキブの実は光沢のある紫色（P190 ～）

コスモスは秋を代表する草花（P156 ～）

熱帯スイレンは青や紫の花色が魅力（P142 ～）

花壇を鮮やかに彩るケイトウ（P166 ～）

ヒガンバナは真っ赤に輝いて咲く（P158 ～）

原産地がメキシコのオシロイバナ（P140 ～）

ハマギクの花。逆境に耐えぬいて咲く（P200 ～）

窓辺を飾るアザレア(P206～)

下向きで清楚な花をつけるスノードロップ

エリカはツツジ科の常緑低木

ハボタンの花ことばは「利益」でめでたい

ポインセチアの花はクリスマスを彩る(P210～)

冬の妖精ともいわれるハナカンザシ

冬に咲くクレマチス・ホワイトエンジェル(P218～)

ピンクの花をつけるヒヤシンス(P226～)

第１章

# 春の花にときめく

早春に楽しむ球根ベゴニア

## 窓辺を彩り、日当たりを好む

# シクラメン

学名：*Cyclamen persicum*
サクラソウ科シクラメン属
花ことば：内気、遠慮がち、はにかみ

部屋に花があれば、その場はパッと明るくなって、あなたも小さな幸せを感じるはず。ほんの小さな花でも私たちの生活に彩りと安らぎ、忘れられない思い出も与えてくれます。たとえばこの時期、花が好きなお宅にあるのはシクラメン。故郷は、夏が涼しく乾燥気味で冬は温暖で雨が多い地中海沿岸なので、冬は温かい室内で花を咲かせ、夏は涼しい場所で管理するのがポイントです。

けっこう気づかないのが球根植物であること。株元を見てください。ふくらんでいるでしょう。野生地で豚がその球根を食い荒らしたので英名は「ブタのパン」といい、日本に伝わると「豚の饅頭（まんじゅう）」と訳されました。植物学者の牧野富太郎先生が、それでは花がかわいそうだと「カガリビバナ」の和名をつけました。

光は大好きだけど高温は苦手。暖房の温風が当たらない、日当たりがよい部屋で、日中

15～20度、夜間最低５～６度で管理するのが理想です。週に1回、中央部の葉を手で押さえ、下に隠れた葉を上に持ち上げて光を当てれば、下葉の黄化や病気の予防になります。

　豪華に花咲くシクラメンもいいですが、私は秋に咲く原種シクラメンの素朴な魅力が大好きです。学生時代は大学の農場でアルバイトをしていて、温室のどこになんの花があるか、みんな記憶していました。

　9月末になるといつも明るい窓辺で咲くのが原種シクラメンのヘデリフォリウム。小さく可憐なピンクの花が日ざしに向かって立ち上がって咲く姿に魅了され、お願いして譲ってもらい、下宿でも育てていました。

「今も温室の窓辺にあるのだろうか」「シクラメンの種まきの実習もしたなあ」と、シクラメンを見ると学生時代が恋しくなるのです。

その場をパッと明るくするシクラメン

## 半透明の花びらの魅惑

# セツブンソウ

学名：*Eranthis pinnatifida*
キンポウゲ科セツブンソウ属
花ことば：光輝、ほほえみ

「セップンソウってなんだ?」と聞かれ、「接吻(せっぷん)? そんな花があるのか」と聞き直したらセツブンソウ(節分草)だったんだよ——。山野草好きの友人が笑って話してくれたのが、この花との最初の出会いです。節分のころに咲くため、この名がつきました。

日本に自生するキンポウゲ科の多年草で、草丈5〜15㎝、花は2㎝ほどの小さな花ですが、半透明の花びらは美しく、人気が高い山野草です。その美しさゆえ採集され、環境の変化などで自生地が減少し、環境省のレッドリストでは準絶滅危惧に指定されています。

「秩父まで見に行く人が多いんだって。群落になっているらしい」。まだ寒い2月にこんなかわいい花が一面に咲くなんて夢のよう、なんてうらやましい、と思っていたところ、セツブンソウの苗をいただきました。

水戸市植物公園で、あこがれの群落をつくれるではないか! ではどこに植えようか。

写真が撮りやすい高さのところがいいかな、と思いついたのは大温室周辺の植え込みのなかです。花が咲く時期は光が当たり、休眠している夏は涼しく、排水がよい場所です。植えてから3年以上が経過したでしょうか。毎年、芽があがってくるまで大丈夫か、と心配になりますが、時期になればひっそりと咲いています。

セツブンソウは節分のころ、白い花が先端に咲く

　花に見える部分は、花のもっとも外側にある器官の「萼（がく）」にあたり、本来の花びらは退化しています。中央部にある黄色い部分は蜜腺で、蜜を出して虫を呼ぶのでしょう。花が終わった後は、たしかによく結実しています。

　今年も間もなく開花するでしょう。今度こそ種を採集し、まいて苗をつくろう。でも種をまいても、開花まで2年以上はかかります。

　あこがれの群落までの道のりは、まだまだ遠いようです。

## 早春に咲く姿が愛らしい

# レンテンローズ

学名：*Helleborus orientalis*
キンポウゲ科クリスマスローズ属
花ことば：大切な人

屋外の花が少ない早春に、ちょっと下向きに咲く姿が愛らしいレンテンローズ（lenten rose）は、キリスト教の四旬節レント（Lent）の期間に咲くことから、この名がつけられました。

クリスマスローズの名前で普及していますが、本当のクリスマスローズは冬に咲く白い花ヘレボラス・ニゲルのこと。レンテンローズは春に咲くヘレボラス・オリエンタリスのことで、新品種は数万円もするほど人気の高い花です。

数年前、日本クリスマスローズ協会に招かれて講演したときのことです。財政厳しく購入もままならないと話したら、「さしあげますから取りに来てください」と県外の会員の方に声をかけられました。

伺うとまるで北海道のラベンダー畑のような大きな花園。隣が墓地なので高い建物がな

ちょっと下向きに咲くレンテンローズ

く、日当たりと風通しがよく、栽培には最適でした。夏は日ざしが強く、葉が焼けても秋に草刈り機で刈って、新しい葉を出させるダイナミックな管理の技もうかがいました。掘り上げてトラックに積めるだけ積んでも、畑の花は減ったように見えませんでした。

このときにいただいた１０００株ほどのレンテンローズは水戸市植物公園の喫茶店前に植えました。今は株元に落ち葉を敷いて少しでも根をいたわり、春が来るのを待っています。そろそろ地際からつぼみがあがってくるので、光が当たるように邪魔な葉を切らないといけません。

一目見たら欲しくなるレンテンローズ。あなたの庭にもぜひ一株いかがでしょうか。ただ、お店で売っている株は温室育ちですから、急に外で管理をすると株が傷みます。夜は玄関に入れて少しずつ寒さに慣らし、春になったら庭に植えてくださいね。

## 「最初の花」で初心を忘れずに

# プリムラ（ポリアンサ）

学名：*Primula × polyantha*
サクラソウ科サクラソウ属
花ことば：恋の望み、富の誇り

プリムラ（primula）の名前はラテン語「primus」（最初の意）に由来し、「その年の最初に咲く花」を意味します。

私にとってもプリムラは、１９９２（平成４）年にＮＨＫの「趣味の園芸」に初めて出演したときのテーマの花で、まさに「最初の花」でした。

「趣味の園芸」は、67年から放送されている長寿番組で、園芸ファンなら日曜日の朝８時30分は見逃さないはず。当時の司会は、現在民放で活躍中の宮本隆治アナウンサーでした。

渋谷からスタッフが水戸市植物公園に到着すると、収録スタートです。

今ならニッコリ笑って、さしずめこんなぐあいに余裕で話し始めるでしょう――。

「プリムラ・ポリアンサは株の中央部分につぼみがいっぱいありますね。この上に水がかかると、つぼみが傷んでしまいます。葉をめくって、静かに水をあげてくださいね」

「花がらはつけ根からきれいにとって、週1回くらい水をやるかわりに液肥をあげれば、花色もよく、長い期間咲いてくれますよ」

でも、当時は「つぎのせりふはなんだっけ?」と、頭のなかはそんなことでいっぱい。とても笑顔で答える余裕はありませんでした。心配した母が現場をそっとのぞきに来た姿を見つけた宮本さんが「お母さん、お嬢さんは頑張っていますよ」と声高くおっしゃったときが、緊張の頂点となりました。そして放映された番組を母と見たとき「お前はなんでこんなこわい顔をしているの?」と言われて、もう20年になります。機会を見つけて、甘い香りが魅力のハゴロモジャスミンやラベンダーなどを紹介する予定です。

プリムラで学んだ「笑顔でお話」の初心を忘れないで、これからも多くのみなさんに花の魅力を楽しく伝えていきたいと思います。

プリムラの別名はセイヨウサクラソウ

# ナンテン

## 「難を転じる」という縁起物

学名：*Nandina domestica*
メギ科ナンテン属
花ことば：機知に富む、福をなす、よい家庭

ナンテン（南天）は縁起のよい植物です。日本では中部以南の暖かい山林などに自生するメギ科の半常緑低木です。秋から冬に葉が紅葉し、6～7月に花が咲くと秋に熟し、赤や白い実は小鳥に食べられなければ、冬を通して観賞できます。

私が小学生のころ、仲のよい友人を招いてお誕生日を祝うことがありました。母は手料理のほか、お土産用にお赤飯の折り詰めまで用意してくれました。のし紙に描かれた赤い実のついたナンテンの絵を見て、「ナンテンは難を転じるので縁起がいいのよ」と教えてくれたのも母でした。

お赤飯の上にナンテンの葉を敷いたり上に添えたりするのは古くからある風習で、彩りだけではなく、葉に含まれる成分が、お赤飯の腐敗を防ぐためでもありました。先人の知恵が詰まった美しい習慣です。

植えると家が栄える、お金持ちになれる、災難から逃れられる……。そんな縁起物の側面の強いナンテンですが、江戸時代には園芸品種として広まり、文政12（１８２９）年に出版された園芸書で水野忠暁(ただとし)著の『草木錦葉集(そうもくきんようしゅう)』には25種類が紹介されているほどです。なかでももっとも人気があったのが、葉が細く、樹形も小さめで鉢づくりに適した錦糸ナンテンです。

ナンテンは縁起のよい植物として庭に植えられる

水戸市植物公園では1月上旬の3日間、錦糸ナンテンの展示会を開催します。美しい焼き物の鉢に植えて花台の上に飾り、芸術品として観賞します。現在では静岡、滋賀、埼玉などに愛好者がいるくらいで、展示会自体も全国であまり開かれません。大変貴重な機会です。古い株は70年ほど経たもので、多くの人の手を渡って大切に守られています。

江戸時代から続く錦糸ナンテンを見て、福を呼び込もうじゃありませんか。

# ウメ

## 古くから花を愛で実を生かす

学名：*Armeniaca mume*
(*Prunus mume*)
バラ科アンズ属
花ことば：忠実、気品

昭和40年代に入ったころの東京・下町の話です。まだ布団のなかでウトウトしている朝6時前になると、遠くのほうで物売りの声がしたものです。「な～と、なっとう～、なっとう」。アサリは「アッサリよ～」。豆腐はラッパを鳴らしていましたね。うるさいと感じたことはありません。どことなく哀愁が漂う懐かしさがありました。

このような物売りは江戸時代から盛んになり、『日本果物史年表』によるとウメ売りもあったそうです。「梅いほうしや、梅い干し」という呼び声で売り歩いたとか。ウメ漬けにする青ウメも売りにきたそうです。

庭園を持つ大名や富裕層の庭にはウメが植えられますが、庭がない長屋の庶民たちはウメの実を買って漬けていたのでしょう。そういえば湯島天神や柳沢吉保（よしやす）の庭園だった「六義園（りくぎえん）」（ともに東京都文京区）にウメの木はありましたが、近所の庭ではカキやイチジクはあってもウメの木は覚えがあまりないのです。茨城県水戸市ではどの町内でもウメが見られます。さすがウメの都です。ただ水戸徳川家９代藩主の斉昭（なりあき）が天保４（１８３３）年、水戸に初めて就藩（お国入り）したときは、領内にウメは少なかったそうです。『万葉集』でも多くの歌が詠まれるほど古くから日本で愛されてきましたが、日本原産の植物ではなく、薬用目的で中国から渡って来た異国の植物です。日本の野山には自生していません。そこで江戸屋敷の実を集めて水戸に送って育て、偕楽園や弘道館、領民の家まで植えさせた由来が、弘道館の八卦堂（はっけどう）近くに建てられた「種梅記碑」に記してあります。

百花にさきがけて咲くというウメ

いち早く花を楽しめ、果実は薬用や梅干しにできるむだがないウメ。斉昭の先見の明に感謝しないといけませんね。

わが家では、新品種のウメ「綾姫」が花開いてきました。休日には昨年、梅肉に漬けたウメの白花をお酒に浮かべ、自宅で観梅を楽しもうかと思います。

## 未熟もよし完熟もよし

# シークワーサー（ヒラミレモン）

学名：*Citrus depressa*
ミカン科ミカン属

新年が始まった1月1日、私は当番で水戸市植物公園内を巡回し、植物に水をあげていました。蘭温室では水戸徳川家に由来するランが満開に咲いていていました。その日は3月みたいなポカポカ陽気。「これでは暑すぎて展示会の前に花が終わってしまう」。1時間ごとに扉を開閉して室温を、霧を吹きかけて湿度を調整するなどの作業を繰り返しました。夕方は外の植物に霜よけカバーをかけ、暖房機器を点検。よく働いた1日でした。

すると翌朝、頭が重くて寒気が。風邪を引いたんですね。そこで漢方薬の葛根湯を食事の前に飲んで寝ました。ビタミンCも取ったほうがよいだろうと、思いついたのがわが家の温室で実るシークワーサーでした。

ミカン科ミカン属でヒラミレモン（平実檸檬）ともいわれます。沖縄に自生する果実で、沖縄の方言で「シー」が酸っぱいもの、「クワーサー」が食わせるもの、を意味するそうです。

現在、直径４～５㎝のピンポン球ほどの実がオレンジ色に実っています。未熟な青い状態で収穫するとレモンのような酸味で、完熟すればミカンのような甘酸っぱさ。「庭に植えると代々家が栄える」という縁起がよい果樹で、白い花も清楚で美しいです。

寒さに弱いため鉢で栽培し、冬は温室で管理をしています。光が大好きなので枝が重なる部分を３月に切って光が当たるようにし、有機質肥料を施します。果実はビタミンCとクエン酸が豊富。果汁を分析すると、とくにノビレチンという成分が多く、がん予防などが期待できるとか。

今年も仕事に追われそう。そんな暗示をしているような風邪ひき事件でしたが、シークワーサーで元気を取り戻しました。とにかく今年は「健康第一」。そんな一年の誓いをたてました。

ビタミンＣを多く含むシークワーサー

白い小花が強い香りを放つ

# ハゴロモジャスミン

学名：*Jasminum polyanthum*
モクセイ科ソケイ属
花ことば：ジャスミン＝温和、愛嬌のあること、白い花のジャスミン＝無邪気、清浄無垢

ある春の日のこと。都内であった大学の後輩の結婚式の帰りに、恩師たちと喫茶店に立ち寄りました。

「おや、ハゴロモジャスミンがあるよ。葉に斑(ふ)が入っていて珍しいね」。コーヒーを飲みながら、恩師の講義が始まりました。「先端の芽は、やわらかいから挿し木には向かないよ。先を切ったら葉を2枚つけ、ひと節ずつ切って挿せばいいんだ」

学名は「ジャスミナム・ポリアンサム」で、多花性を意味します。春に星のような白い小花が30～40輪集まって咲き、強い香りを放ちます。「葉を2枚つけただけでいいなら、たくさん苗ができますね」。喫茶店に枝を分けてもらい、水でぬらしたティッシュに包んで持ち帰り、挿し木をしました。

普通は花が終わった後の5～6月に挿します。気温が20度あれば3週間くらいで発根し

ます。根が出たら一鉢に5本くらい寄せて植え、光によく当て、根詰まりさせないよう注意します。初夏に蔓が伸び始めたらアサガオのようにあんどんづくりにするといいでしょう。

花芽は5～15度の環境に4～6週間置くと形成されるので、秋に花芽ができます。秋に蔓を切ると花が咲かなくなるし、晩秋から初冬にかけて「寒くなったから外ではかわいそう」と、すぐ室内に入れては花芽ができません。

冬に寒すぎても芽が傷んで枯れますが、露地植えが可能な場所もあります。茨城県内だと、霜が降りず冷たい風が当たらない場所なら、庭に植えても大丈夫。お宅の環境をチェックしましょう。

わが家にはつぼみがいっぱいのハゴロモジャスミンが3鉢あって、部屋は花の香りでいっぱい。ちょっとクラッとするくらい強い香りを放っています。

挿し芽で増えるハゴロモジャスミン

## シルクロードを経由して定着

# スイセン

学名：*Narcissus tazetta var. chinensis*
ヒガンバナ科スイセン属
花ことば：自己愛、自己主義

学生のとき、植物学者の随筆を読むのが大好きでした。先生方にあこがれて日本植物友の会に入会しました。当時の会長は植物分類学者の本田正次先生、副会長が植物文化史の第一人者である松田修先生でしたから、直接お話をうかがいたかったのです。

毎月の例会のほか観察会がありました。１９８０年1月20日にあった「城ケ島の水仙を訪ねる会」の話をしましょう。当時のメモを見ると「品川から京浜急行の三崎口まで　特急75分　普通90分　４８０円」と交通費が書いてあり、つぎに植物の名前と簡単な特徴を万年筆で残していました。

「葉がボタンに似ているハマボウフウ、ちょっとアジサイの葉に似ているラセイタソウ、今日採っても明日になると束のように増えているアシタバ」

今読み返すとどれもわかることですが、当時は教えていただくすべてが新鮮で楽しく、一生懸命メモをとったのでしょう。若き日のまじめな自分を褒めたくなります。歩いては植物のところで止まって話を聞き、また歩いて観察するので疲れません。海沿いの断崖に目を向けると、スイセンが群落で咲いているのが見えました。「こんな寒い１月でも花が咲くんだね」と言いながら一同喜びました。

春一番に咲くニホンズイセン

あのとき、私が見たのは花の中央部分が黄色のニホンズイセン（日本水仙）だと思います。名前に日本がついているので日本原産かと思いきや、スイセンは地中海沿岸が原産で、シルクロードを経由して中国、日本に渡来して定着したといわれています。名前で判断してはいけませんね。

鮮明に記憶に残るスイセンですが、私のメモには記録がありません。花よりも、その場で出会った野草の特徴のほうがおもしろかったのかもしれません。植物観察のおもしろさを教えていただいた青春の貴重な思い出です。先生方に感謝、感謝です。

## 昔も今も少女に寄り添うように

# マーガレット

学名：*Argyranthemum frutescens*
（Crysanthemum frutescens）
キク科モクシュンギク属
花ことば：恋を占う、予言、
真実の愛、誠実

好き、嫌い、好き……。花びらで恋を占う花、といえばマーガレットです。「好きが出ますように」と、思いを込めて白い花びらを一枚一枚取るのはドキドキします。試しに主人を思って恋占いをしたら、結果は「嫌い」。騒動の元になりました。かならずしも幸せな結果になるわけではないようです。

さて、マーガレットはアフリカ大陸の北西部に浮かぶカナリア諸島（スペイン領）が原産。日本には明治時代に渡来したそうです。名はギリシャ語の「マルガリーテス」（真珠）に由来し、ヨーロッパでは女王や王妃から庶民まで、女性の一般的な名前の一つになっています。マーガレットのように上品で美しく、元気に育ちますように、という両親の思いが込められているのでしょう。

あまり手のかからない花ですが、暑さと寒さに弱いのです。栽培するなら鉢に植え、春から秋は屋外で、晩秋からは日当たりのよい部屋で管理します。霜に当ててはいけません。開花株を入手したら、よく光に当て追肥を行い、つぎの花を上手に咲かせましょう。

ところでもう一つ、マーガレットから連想するものがあります。それは少女漫画雑誌「週刊マーガレット」です。昭和40年代ならバレーボールブームの火付け役になった「アタックNo.1」や、歴史的な名作「ベルサイユのばら」が、この雑誌から誕生しました。

マーガレットは清楚な花がつぎつぎと咲く

かわいらしい少女の背景には、なぜかいつも花が描かれ、それを不自然とも思わず、あこがれは募るばかりでした。毎週の発行が楽しみで、本屋にせっせと通ったものです。初期の表紙には、かならず白くかわいいマーガレットの花が描かれていました。
私と同じように「ベルばら」をはじめ少女漫画を愛した乙女たちはどうしているでしょう。美しく元気に育ったでしょうか。
マーガレットは今も少女の夢をいっぱいのせて咲いています。

## アンデス山脈が自生地の妖精

# マスデバリア

学名：*Masdevallia caudata*
ラン科マスデバリア属

早春は洋ラン展が多く開かれる時期。私が忘れられないラン展があります。１９８７年３月、今は閉園になった小田急向ケ丘遊園で開かれた第12回世界蘭会議です。３年ごとに開催され、「蘭のオリンピック」ともいわれる国際的な祭典です。

世界21か国から３万株のランが出品されました。カトレヤ、デンドロビウムはもちろん、夏に咲く日本のサギソウを開花調節し、３月に咲かせた展示もありました。大賞を受賞した中国・雲南省原産の「パフィオペディラム・ミクランサム」の愛らしかったこと。入場を待つ人々の長蛇の列が続いていました。種類の多さに驚き、世界の人を夢中にさせるランの不思議な魅力を実感したときでした。

それから図鑑をはじめ、ランを採集するプラントハンター物語まで洋書を取り寄せ、「コナン・ドイルじゃないけれど、こんな失われた世界のような地に咲くランに出会ってみたい」と、本気で思いました。そんな気持ちをさらに強くさせたのは、マスデバリアというアンデス山脈に咲くランです。とくに心奪われたのは、その野生種のコウダタ。花びらの先が尾のように長く伸び、まるで虫のような奇妙な花形をしています。黄と桃色のなんともいえない模様の花は、とにかく、とにかく美しいのです。

自生地は標高が高く霧がたなびく涼しい場所なので、日本では冷房室で栽培しないと無理。25年ほど前、お世話になった先生から株を借り「アンデスの妖精　マスデバリア」という展示会を植物公園で開催しました。アンデス行きのお誘いもありましたが、「そんな危ない場所に行かなくても」という母のひと言でやめました。そのときは、独身のうら若き乙女でしたので。

久々に洋ランの本を引っ張り出すと「やっぱりマスデバリアは最高だなあ」と、しばしランに夢中だった昔の自分に戻れました。

マスデバリアは花の色も形も個性的

## 日当たりのよい草地や道端などに

# タチツボスミレ

学名：*Viola grypoceras*
スミレ科スミレ属
花ことば：スミレ＝誠実、貞節、愛

4月の大学は、新入生をサークルに勧誘する楽しい企画が盛りだくさん。ウン年前、私も「若菜会を開催するので参加しませんか」と入学当初に誘われました。この会、なんと野草を食べるサークルでした。

構内の植物を観察し宿舎に行くと先輩たちが食事をつくって待っています。タンポポの葉の天ぷら、タネツケバナやツクシのおひたし……。タンポポはカラッと揚がっていておいしかったのですが、最後に出たつきたてのお餅のほうがおいしかったことを覚えています。翌日、同席した友人の顔が腫れてビックリ。あく抜きがじゅうぶんでなかったらしいのです。私は平気でした。体質によるのでしょうか。

その後、春はツクシを採集して頭とハカマをとり、油揚げと炊き込みご飯をつくり、タンポポは根を掘って細かく切ってフライパンでほうじてから土瓶で煎じ、コーヒーの代用に。そんななかで、自分でよくできたと勘違いしたのがスミレのワインゼリーでした。

スミレは世界に約８００種、日本には約60種類が自生し、植物学者の牧野富太郎先生によれば、日本は面積が小さいわりにはスミレの種類が多い世界の一等国、とのこと。今でも４月の水戸近辺では、タチツボスミレの仲間が群落で見られるほど身近な野草です。

この美しい花をゼリーに入れたらきれいだろうなと思い、赤紫のワインでゼリーをつくる過程で、スミレの花を入れて固めてみました。「わが意欲作」は研究室の先輩方に味見され、喜んでいただけたようでしたが、今思えば迷惑だったかも。食感も味もイマイチでしたから。砂糖漬けにしてから入れればよかったか、と今になって反省しています。

４月は若菜会を開催するのによい時期です。スミレは日当たりのよい草地や道端などで見かけますが、野草のなかには有毒種もあり、あく抜きも必要ですから、食するさいはくれぐれもご注意してくださいね。

日当たりが大好きなタチツボスミレ

## 唱歌にも登場し、ハイカーに人気

# ミズバショウ

学名：*Lysichiton camtschatcense*
サトイモ科ミズバショウ属
花ことば：変わらぬ美しさ、美しい思い出

「夏が来れば思い出す」で始まる唱歌「夏の思い出」に登場するミズバショウ（水芭蕉）は例年、水戸市植物公園では4月上旬、尾瀬でも5月末ごろから開花します。白い花に見える部分は、葉が変化して花を守る役目をする「苞（ほう）」で、本当の花は中央にある筒の部分で小さな花がたくさん集まっています。

植物が好きな方なら、やはり尾瀬でミズバショウを見たいですよね。

大学時代、それなら有志で見に行こうと、「この日に参加できる人は上野駅に集まれ」とサークルで参加者を募ったら、駅に現れたのは私と後輩の男子学生二人だけでした。「3人しかいないの？」とショックを受けながらも、夜行列車に揺られ、早朝から尾瀬を歩くことになりました。

当時のノートには「6月7日尾瀬　ミズバショウ、リュウキンカ、ザゼンソウ、モウセンゴケなどを観察。三平峠(さんぺい)ではタムシバ、エゾエンゴサク……」と山野草の名前がつづられていました。優雅なハイキングにはほど遠く、思い出すのはつらいつらい山歩きです。木道は距離もあるし、すべてが平らなわけではありません。雪もかなり残っていて歩きにくい。それより荷物を背負って長距離を歩くことに慣れてなかったのでバテバテでした。

軽い気持ちで出かけると大変なことになる、と歩きながら気がついても後の祭り。とにかく歩く、歩く。山小屋に泊めてもらい、ひと部屋に3人でしたが、へとへとに疲れたので布団に入った途端に爆睡でした。

大群落をつくることが多いミズバショウ

そう、尾瀬を甘く見てはいけません。出かけるときは、きちんと準備を整えてから出かけましょう。

それよりも身近なわが植物公園に、気楽にいらしてください。春の訪れとともに、ミズバショウが咲き始めましたから。

## 赤く上品な花、凜とした立ち姿

# ダンドク

学名：*Cannna indica*
カンナ科カンナ（ダンドク）属
花ことば：若い恋人同士のように、快活

「温室の改修に伴い、お譲りできる植物があります」。今から10年ほど前、こんな連絡が日本植物園協会を通じてありました。東京都にある名園「新宿御苑」からの申し出でした。早々に訪問し、選んだなかにダンドクがありました。

コロンブスの新大陸「発見」後、ヒマワリなどとともにもっとも早くヨーロッパに入った植物で、日本には江戸時代に渡来しました。カンナ科カンナ属で熱帯アメリカとその一帯の原産です。

夏花壇を華やかにするカンナは、ダンドクを交配親にした園芸種です。ダンドクは凜（りん）とした立ち姿が美しい上品な赤い花です。草丈は１ｍを超え、地下にはショウガに似た根茎があります。中国では花は止血薬に、根茎も薬として利用されるとか。

光が大好きなので、観賞大温室の花の回廊の左手、日当たりのよい窓側に植えました。

花は咲くとちょっと休み、しばらくするとまた開花する。年間を通じてこの繰り返しなので、運がよければ花に出会えます。

ところで新宿御苑ですが、明治時代は西洋の農業技術の研究や指導者育成を担う試験所でした。その後、皇室外交を目的にした皇室庭園として、明治39（１９０６）年に大改造され、現在の様式が完成。昨年で開園して１１０周年を迎えました。フランスのアンリ・マルチネー（１８６７〜１９３６）が設計した、日本の西洋庭園のさきがけです。植物園でありながら庭園としても魅力が満載……。でも気がついている人は少ないかもしれませんね。

水戸市植物公園で開催するトークショー「今、日本の英国式庭園が面白い！」で、庭園としての新宿御苑も紹介します。観賞のポイントがわかると楽しいですよ。

ダンドクの草丈は１ｍを超える

## 海岸の断崖に咲く「海のしずく」

# ローズマリー

学名：*Rosmarinus officinalis*
シソ科マンネンロウ属
花ことば：変わらぬ愛情と思い出、誠実、淡泊

映画「卒業」のBGM「スカボロー・フェア」の歌詞「パセリ、セージ、ローズマリー&タイム」に登場するローズマリーは、海を思わせるブルーの花が咲く常緑低木です。不定期咲きですが、春に咲く姿をよく見かけます。

学名はロスマリヌス。ラテン語で「海のしずく」を意味します。自生地は地中海沿岸。海のしぶきを受けるような断崖に咲いているのでしょう。日当たりと風通しがよい場所に植え、石灰を少々混ぜた土を使うと調子がよいです。

葉に触れると強い香りがするので、「その香りで私を思い出して」と願う話が多くあります。たとえばスペインの童話「ローズマリーの小枝」。魔法にかかり、妻のことがわからなくなった夫に、妻が二人の出会いのきっかけになったローズマリーの小枝で触れてみると、魔法がとけて妻を思い出し、生涯、仲良く暮らすという話です。

私がローズマリーで思い出すのは、東日本大震災の1年後、被害を受けた水戸を励まそうとハーブ研究家の広田靚子（せいこ）先生が講演に来てくださったときのことです。「講演会のとき、参加者のみなさんになにかさしあげたいわ」と、先生から段ボール箱いっぱいのローズマリーの枝をいただきました。

挿し木にした苗が参加者に配られ、先生はほほえみながら見守っていました。その姿を見ているうち、ハーブの栽培を始めた1980年後半のころの自分がよみがえってきました。広田先生の本はまさに私の教科書で、それを片手に料理、お風呂、染め物などあらゆることに挑戦するなど、ハーブの欠かせない生活が始まりました。

料理の風味づけにもローズマリー

ローズマリーは、心の奥にある愛情のこもった、懐かしい宝のような思い出を呼び起こしてくれるのかもしれませんね。願わくば、最近忘れっぽくなったことが治るといいのですが。つい欲ばって、そんな効能も期待してしまいます。

## 花が咲くと甘い香りがほんのり

# ストック

学名：*Matthiola incana*
アブラナ科アラセイトウ属
花ことば：永遠の恋、永遠の美、まじめ、豊かな愛

花の香りでフッと昔のシーンが頭に浮かぶ。そんな瞬間ってありませんか。私はストックなんです。南欧原産。桃、赤、黄、白色などの花が咲くと、甘い香りがほんのり。その優しい香りに包まれると、中学校の同級生４人で漫画サークルを結成し、同人誌までつくっていたころを思い出します。

１９７６年の夏、「コミックマーケット（略してコミケ）に行こう！」と誘われました。私たちが出かけたのは第3回のコミケ。東京の板橋産業連合会館でした。参加サークル56、入場者５００人だったそうです。広い空間で同人誌を静かに販売している大学生のお姉さんたちが印象的でした。

友人に強くすすめられた同人誌が「迷宮'76　萩尾望都に愛をこめて」という作品評論と原作のパロディーでした。あまりにもくだらなくておもしろい内容に、帰りの電車のなか

はみんなで大笑い。迷宮の中心人物だった方の漫画コレクションが、現在は明治大学の米沢嘉博記念図書館に収められていますから、好きなことはとことん続けるべきですね。

　高校は違ってもときどき集まり、大学進学前の春にはみんなで房総のお花畑に出かけました。３月の房総は暖かく、ほかの地域にさきがけてポピー、キンセンカ、そしてストックの花が満開でした。こんな道を歩みたい、あんな道もいいな、などと夢を語りながら花を見つめていました。私は郊外で畑を耕すのが夢だったから形は違うけど夢かない、二人も人気漫画家くらもちふさこのアシスタントで活躍しました。あまり将来を語らなかった一人を除けば、みんなの夢は実現したといえるでしょう。

　正月飾りに、ストックの切り花を入れました。今年こそ４人で会いたいな……。香りを楽しみながら、夢を語り合ったあのころを思い出しています。

甘い香りが漂うストック

## 豪華なつやのある葉

# クンシラン

学名：*Clivia miniata*
ヒガンバナ科クンシラン属
花ことば：私はあなたの高潔さに感じます、高貴、貴さ

東京のJR日暮里駅北改札口を出て坂道を上ると、昔ながらのせんべいやつくだ煮の店があったんですね（少なくとも30年ほど前は）。そこを通り過ぎて左折。すると六方石と大谷石を使った重厚な塀のなかに、和洋が調和したモダンな建物にたどりつきます。東洋のロダンとも称された彫刻家の朝倉文夫（１８８３〜１９６４）のアトリエ兼住居の「朝倉彫塑館」です。上野駅の常磐線改札を出て中央口に向かう途中にある「翼の像」の作者であり、「墓守」や「松井須磨子」のカチューシャ像など名作を多数残しています。

朝倉彫塑館で心を奪われるのは、大部分が池といってもいいくらいの中庭です。1月の白梅から12月のサザンカまで、白い花がつぎつぎと咲いて季節の移ろいを映します。茶室に座って水音を聞き、庭にたたずむ小さな翁の像（今はないそうです）と、しっとりぬれる巨石を見ていると、時が静かに流れていくのを感じたものです。

あのとき、1階のアトリエ脇の温室に大鉢に植えられたクンシラン（君子蘭）がありました。朝倉は盆栽や生け花にも造詣が深く、『東洋蘭の作り方』という著書を残すほどランがお好きでした。

でもクンシランはランにあらず、ヒガンバナ科クンシラン属で原産地は南アフリカです。オレンジ色の豪華な花、つやのある葉を一年じゅう楽しめます。直射日光は避け、レースのカーテン越しぐらいの明るさで。冬の温度管理は最低5度以上、15～20度でしょうか。根が太く空気を好むため、花が終わった春に赤玉土（中粒）、腐葉土、籾殻燻炭を6対3対1ぐらいの排水のよい用土で植え替えるといいでしょう。

ネコの作品ばかり集めた2階の部屋が、東洋蘭のための温室だったそうです。すると、あのクンシランは当時の管理人さんが育てていたのかしら。あのころから久しく見る機会がありませんが、みなさんにはぜひ訪ねていただきたい名園です。

花茎の先に花を 10 ～ 20 輪つけるクンシラン

# 愛の女神に捧げる花として

# マートル

学名：*Myrtus communis*
フトモモ科ギンバイカ属
花ことば：愛情、処女性、快楽、勝利

「仰げば尊し」が歌われる季節になりました。卒業の記念に植物をプレゼントする予定がある方もいらっしゃるかもしれませんね。そんな方におすすめの花があります。

東京都内に住む叔母がわが家に遊びに来たときのことです。「あら『祝いの木』ね。近所の小学校では卒業式にプレゼントしていたわよ」。それはハーブに分類されるマートルでした。日本では銀梅花（ぎんばいか）などといわれ、ヨーロッパでは愛の女神に捧げる花として、結婚式のブーケやコサージュなどの材料に使われるそうです。

地中海沿岸が原産のフトモモ科ギンバイカ属の常緑低木で、つやのある緑の葉ですが、葉に黄色の斑が入る種類もあります。派手さはありませんが、つやのある葉は光を受けるとキラッと光って美しいのです。初夏に咲く白い花は、中央部に数多くある糸のように細い雄しべがアクセントになっています。

白くて丸いつぼみも大変愛らしく、私は庭で花が咲くと、ほかのハーブといっしょに小さな花束をつくって飾っています。でも見た目よりも、愛にまつわるハーブで縁起がよいから育てているのですけれどね。

枝はけっこう伸びて邪魔なときもあるんです。4月上旬までに剪定（せんてい）し、アルカリ性土壌を好むため、春に苦土石灰を株元にまくといいでしょう。日当たりのよい場所に植えれば、初夏には株いっぱいに花が咲きます。

マートルは白い花を上向きに咲かせる

このように栽培はいたって簡単。でもミノムシがついたら要注意です。葉を食害されてしまうので捕殺してくださいね。

ところで卒業式といえば、あこがれの男の子から学生服の第二ボタンをもらうのが夢でしたが、今もそんな風習はあるのでしょうか。じつは押し入れのどこかに中学生時代の宝物が眠っています。

愛のハーブであるマートルを見ていると、そんな昔のロマンスがよみがえります。

## 名曲のなかでも歌われる華麗な花

# ポピー（シベリアヒナゲシ）

学名：*Papaver nudicaule*
ケシ科ケシ属
花ことば：慰め、忘却

久しぶりに東京・渋谷の街を歩きました。青春時代にピアノの弾き語りを聴きながらカウンターでカクテルをいただいた店はとうの昔に閉店し、昭和のムードがいっぱい詰まったレトロな恋文横丁は、あった場所さえわかりませんでした。街の変化は激しいですね。

中古レコード店に立ち寄ると、同世代の男性客の姿。店内にはビートルズの「ペニー・レイン」が流れていました。メンバーの故郷リバプールにある通りの名前が歌になり、床屋や銀行員など街の人が生き生きと描かれている名曲です。時は流れ、街は変わっても、青春時代に聴いた曲を聴けば、心はあのときに戻れるから不思議です。

よく耳を澄ますと、「ポピー」という単語が聞き取れます。「かわいいナースがトレーにポピーを載せて売っている〜」と歌っているんです。本当にポピーを売っていたら、それはアイスランドポピーかも。

シベリアで発見されたのが由来で、シベリアヒナゲシともいわれます。ケシ科ケシ属の多年草ですが、夏越しがむずかしく一年草扱いされます。花の色はダイダイ、黄、白、桃で2～5月に咲き、花が数日間持つので、切り花に利用されます。

よく似ているのがヒナゲシで別名がグビジンソウ（虞美人草）。その園芸種をシャーレーポピーと言い、花色は赤、白、桃で黄色がなく、5月に開花する一年草です。栽培のこつは、両種ともアルカリ性土壌を好むので石灰を混ぜた土で育てること。移植に弱いので根を傷めないように気をつけ、よく光に当てて育てることです。

和紙のような質感の花が咲くポピー

昨年の秋、アイスランドポピーの種をまいて苗を育て、晩秋に植物公園の大温室脇の花壇に数株植えました。温室の壁が余熱で温かく、冷たい風も当たらないおかげで、小さなつぼみがふくらんで花が咲いてきました。「ペニー・レイン」を口ずさみながら、これから咲いてくる花たちの手入れをそろそろ始めようかしら。

唇の形に似た赤紫の花

# ホトケノザ

学名：*Lamium amplexicaule*
シソ科オドリコソウ属
花ことば：輝く心

幼いときの私は脚が弱く、心配した母にすすめられ、バレエのレッスンに毎週通っていました。本格的なバレエではなく、児童舞踊で、音楽に合わせて踊る楽しいものです。年に1回、東京・有楽町の駅前にある有名なホールで発表会がありました。間もなく出番。舞台の袖で待つ緊張感がクライマックスに達したとき、飛び出していきます。大人になって度胸があるのは、このときの経験が生かされているからでしょう。

発表会終了後、家族で食事をするのが楽しみで、散歩がてらに通った皇居の芝生のなかで、偶然、見つけたのがホトケノザ（仏の座）でした。

茎を取り囲むようにつく対性（たいせい）の葉が仏さまの台座のように見えるので、この名がついたとか。日本はもちろん、世界の温帯から暖帯に広く分布するシソ科オドリコソウ属。名前から春の七草の一つと思いがちですが違います。キク科のコオニタビラコもホトケノザといい、こちらが七草で食用となります。

理科の授業で「春の野に咲く植物」として習い、愛読書のポケット採集図鑑で植物画を見ていたのですが、近所で咲いていなくて、本物に会いたかったのです。大きな花かと思っていたら、かなり小さくてちょっとガッカリでしたが、「こんな大都会で咲くんだ」とビックリもしました。

ホトケノザの葉は茎を囲む台座のようにつく

まっすぐな1本の茎に、葉がだんだんにつき、上部の葉は葉柄がなく、女の子のスカートに見えます。唇の形に似た赤紫の花はよく見るとかわいいし、まるでさっき踊っていた私みたい。花ことばは「輝く心」。舞台に飛び出る前の心境そのものですから、自分と重ねて見ていたんです。
最近は近所の道端や田んぼのあぜで、オオイヌノフグリとともに群落で咲く様子を「春の花畑」と思って、楽しんでいます。

# ハナニラ

## 英名はスプリング・スターフラワー

学名：*Ipheion uniflorum*
(*Tristagma uniflorum*)
ユリ（ヒガンバナ）科ハナニラ属
花ことば：星に願いを

お正月気分が抜けたころ、東大農学部前の古本屋に出かけ、一冊の本を購入しました。徳川慶喜（よしのぶ）が撮影した写真集『将軍が撮った明治』（朝日新聞社刊）。東京都北区の飛鳥山（あすかやま）公園内に保存される渋沢栄一（１８４０～１９３１）邸の庭を写した白黒写真が気に入ったからです。

洋風花壇にはアイリスが咲き、シルクハットの男性がなんとも優雅に写っていますし、ボタン園もありました。子どものころに、「偉い人のお屋敷だよ」と聞いていましたが、子どもには興味のない話。この大邸宅の裏の崖が私たちの秘密基地みたいな存在で大切な場所だったんです。清水が湧き出ている急斜面で、ちょっとドキドキしながら遊んでいました。目の前のお屋敷のなかに、まさかボタンの花園があったとは！　この本で初めて知りました。でも小学生のときは、ボタンのような豪華な花より、可憐な花が大好きで、もっとも心引かれる春の花はハナニラ（花韮）でした。

ユリ（ヒガンバナ）科ハナニラ属の球根植物で、葉を切るとニラのような香りがするのでハナニラの和名があります。メキシコからアルゼンチンにかけて分布し、春になると茎を15㎝くらい伸ばし、先端に星形の白や淡いブルー、ピンク色などの花が1輪咲きます。英名のスプリング・スターフラワーはピッタリの名前ですね。日当たりと水はけがよい場所なら、数年間植えたままで大丈夫。

葉を切るとニラのような香りのするハナニラ

暖かい春の日、坂道をランドセルをしょって帰る道すがら、石垣の上でいっぱい咲いていました。日ざしを浴びてキラキラ光る星のようなハナニラは、花屋では売っていなかったあこがれの花だったのです。

もちろん、自宅の庭に植えています。咲き始めると「ああ、春がやって来た。庭仕事が忙しくなるわ」。そんな季節の到来を告げてくれる、私には旧知の友のような花です。

群落で咲き、薄紫色に染めあげる

# ムラサキハナナ

学名：*Orychophragmus violaceus*
アブラナ科ムラサキハナナ属
花ことば：知恵の泉、優秀

小学5年生のころ、マイブームになった遊びがありました。それは縄跳びです。昼休みや放課後は校庭で二人組になり、「郵便屋さん、落とし物～」と歌いながら跳びました。5～6人が集まれば、大縄跳びにチャレンジです。縄を大きく回さないとみんなが跳べないので、回す人の責任は重大。何回か回してもらってリズムをつかむと、「せ～えのっ」のかけ声で縄のなかに入り、歌いながら跳びます。「春の風　ハイキング　滑って転んで一等賞～」。この歌が地域的な歌なのかはわかりません。最後に一人ずつ抜けていき、だれも引っかからなかったら大成功です。縄跳びはなんといってもチームワークが大切。そのおかげなのか、当時の子どもたちは、みんな仲良しでした。

自宅に戻ると、今度は一人で二重跳びの練習です。100回連続跳びをめざしていましたから、当時の私はスリムな少女だったんですよ。練習後、くたびれて窓辺に座ると、よく隣のお宅の庭を見つめていました。薄紫の花が満開に咲いていていたからです。その花とは、アブラナ科ムラサキハナナ属のムラサキハナナ（紫花菜）です。

中国原産の一年草で別名を諸葛菜（ショカッサイ）といい、昭和30年代以後、全国的に普及したそうです。秋に発芽して冬を越し、春になると群落で咲き、あたりを薄紫色に染めあげるシーンは大変美しいものです。

春の訪れを告げるムラサキハナナの群落

最近は近所のお宅で、ナノハナやスイセンとともに咲くムラサキハナナの群落を楽しませてもらっています。この花が満開に咲く姿を見ると、縄跳びで歌った「春の風〜」の歌詞を思い出し、ひとり口ずさんでいます。

私にとってもっとも好きな季節はこれから。春爛漫。春の風が、このすばらしい季節の到来を、花の香りをのせて告げてくれます。ありがとう。

小さな花が集合して球状の花に

# ミモザ（フサアカシア）

学名：*Acacia dealbata* マメ科アカシア属
花ことば：優雅、友情、不死、繁栄

東京の帝国ホテルから有楽町駅に向かう途中、日比谷映画劇場がありました。50年の映画史を飾った館が閉じることになり、１９８４（昭和59）年10月13日から11月11日まで「さよならフェスティバル」が行われ、名画が毎日上映されました。

仕事帰りに見に行ったのは、叙情的な「歴史は夜作られる」「赤い靴」「レベッカ」で、映画館で見るから得られる臨場感を味わい、ちょっと湿ったホール独特の空気も別世界に誘ってくれるようで好きでした。このとき、見られず残念に思っていたのがフランス映画「ミモザ館」です。ミモザの花が咲く館でどんなドラマが……、と想像をふくらませていました。池袋の映画館で上映されたので見に行きましたが、私のイメージと違う内容で、早々に引きあげてしまった思い出があります。

なぜミモザ館が好きなのか。「ミモザ館の住人の　あれは運命だったのだろう」から始まる「ミモザ館でつかまえて」という73年に「週刊マーガレット」に掲載された大島弓子さんの名作が大好きだったからです。ミモザを見たことがなく、どんな花かもわからない。ミモザは未知のあこがれの花だったのです。

黄色の花が咲くアカシアの仲間を総称してミモザと呼ぶ

ミモザとはマメ科のアカシアの呼び名で、オーストラリアを中心に自生する常緑の中高木および低木です。黄か白の小さな花が集合して球状の花になり、それが房のようになって咲きます。和名の「フサアカシア」がフランスでミモザとして知られ、ミモザ祭りに使われるそうです。一般には黄色の花が咲くアカシアの仲間を総称して「ミモザ」といいます。

先月、伊豆の河津の桜を見に行ったとき、駐車場の入り口でフサアカシアを、道端の家の庭で満開に咲くギンヨウアカシアを見ました。わが家にも植えたいけれど、ミモザには洋館がやっぱりよく似合う。やめたほうが無難かな。

## 散り方に潜む不思議な魔力

# サクラ

学名：*Cerasus*
バラ科サクラ属
花ことば：精神美、優れた美人、よい教育、独立

サクラといえばソメイヨシノ。葉が出る前に花が咲く日本産の園芸種で、江戸末期に染井村（現在の東京都豊島区）の植木屋で誕生したといわれます。当初の名前は「吉野桜」でした。現在の茨城県高萩(たかはぎ)市出身で、東京帝国大学附属小石川植物園の初代園長だった松村任三(じんぞう)先生が学名をつけたことで、ソメイヨシノの名前も広まりました。

そして私の故郷は、かつての染井村の隣町。花見で有名な飛鳥山があり、サクラはいつもそばにありました。中学校の入学式を終えると、初めて着たセーラー服がうれしくて、別れたばかりの小学校に行き、先生を囲んで友人たちと満面の笑みで記念撮影。その後ろではソメイヨシノが満開でした。

遠足で三峯神社に行ったときは西武秩父駅で降り、御花畑駅というとても小さな駅の前を歩きました。すると先生が立ち止まり「あの詩に出てくる駅は、こんな小さな駅でしょ

う。名前もピッタリですね」と、国語の教科書に載っていた阪本越郎さんの「花ふぶき」という詩の解説をしてくださいました。「さくらの花の散る下に、小さな屋根の駅がある。／白い花びらは散りかかり、駅の中は、花びらでいっぱい。／花びらは、男の子のぼうしにも、せおった荷物の上にも来てとまる。／（後略）」。サクラの花びらも旅人といっしょに旅をするのだろうか……。そんなことを思いながら、小さな駅を見つめていました。

咲き始めも散る姿もドラマチックなサクラ

そして大人になって京都を旅したとき、円山公園から清水に向かう途中、偶然に西行庵を見つけました。平安末期の歌人である西行法師といえば、『山家集』のこの歌ですね。「願はくは花の下にて春死なむ／その如月の望月の頃」。

花はサクラといわれています。吹雪のように花びらが散るさまは美しく、なんともドラマチックです。私もサクラのようにあざやかに生きたい、そして最期は西行さんと同じかな。サクラには、そんな気持ちにさせる不思議な魔力があります。

## 吹雪のように一面が真っ白

# ユキヤナギ

学名：*Spiraea thunbergii*　バラ科シモツケ属
花ことば：愛嬌、殊勝

4月は希望で胸をふくらませる時期。私も筑波大学で初めて迎えた4月は、あこがれの大学生活に夢いっぱいでした。大人の女性を意識したファッションにあこがれ、洋服もそろえて張り切っていたのに、待っていたのは自転車通学。自然との闘いが始まりました。雨の日はカッパだし、冬は筑波おろしでほおは真っ赤。「なんて悲しい自転車ライフ」と思いきや、車やバイク通学では気づかない、自転車だからこそよかった、と思えることがありました。

それは花たちとの出会いです。自転車で宿舎から大学に向かう途中、縦に長く伸びた木に赤紫の花が咲くハナズオウ、真っ白なユキヤナギ（雪柳）が風に揺れ、刈り込まれた黄花のレンギョウが3段で咲く生け垣がありました。花木の高さを調整し、3種類の花が同時に咲く、それはそれは豪華なものでした。今だからわかるのですが、あの生け垣は手間をかけていたと思います。花後早めに剪定（せんてい）しないとレンギョウの枝が伸びて見苦しくなるし、ユキヤナギは種子がこぼれると思わぬ場所で増えて近所迷惑になります。美しさの秘訣（ひけつ）は早めの剪定、こまめな手入れだったのです。

そのほか、松林の木漏れ日のなかでシュンラン、クサボケ、タチツボスミレを見つけ、自転車から降りて「わあ、きれい」と一人で松林を歩いたものです。5月になればバス停付近で咲く草丈10㎝ほどのフデリンドウに感動……。でも35年も前のこと。あの花たちは、今もあの場所で咲いているのか気になります。

現在は植物公園の入り口で、吹雪のように一面が真っ白になるユキヤナギを見て、あの生け垣を思い出しています。自転車で構内を駆けめぐり、花を満喫した春、今まさにその季節が到来しました。あなたも春を探しに出かけてみませんか？　思わぬ花との出会いがありますよ。

生け垣としても植栽されるユキヤナギ

## 命短き「春の妖精」

# カタクリ

学名：*Erythronium japonicum*
ユリ科カタクリ属
花ことば：初恋、寂しさに耐える

「春になったら裏山一面にカタクリ（片栗）の花が咲くんです。それはみごとですよ」

学生時代、東京の高尾山のふもとにあった自然科学博物館主催の秋の観察会で、案内の人から言われました。そして花咲く4月を待ちました。

カタクリは日本にも自生するユリ科の植物で、早春に斑が入った葉が開くと、薄紫から桃色の花が下向きに咲きます。初夏に葉はなくなり、夏は休眠するので、地上に顔を出すのは春のほんの数か月。こうした春のごく短い時期のみ地上に姿を現す植物は「スプリング・エフェメラル」（春の短い命）と呼ばれ、別名「春の妖精」ともいいます。

開花期には十分な気温と日ざしが必要です。休眠中に地中の球根が腐らないよう、水はけがよく肥えた土地が理想的。だから栽培場所は、日当たりがよい南斜面の雑木林が最適です。最近は各地で天然記念物に指定され、群生地が守られています。茨城県内では水戸市有賀町の「かたくりの里公園」が有名です。

春の観察会の思い出をお話ししましょう。まずは白い可憐な花が2輪咲くニリンソウが登場。若葉は山菜として食べられますが、毒草のトリカブトによく似ているので要注意。採取はやめて花を観賞しましょう。つぎに川べりで淡い黄緑色の小花を多数咲かせるクスノキ科のアブラチャンを発見。「人の名前みたい」と笑ったのを覚えています。

坂道を上り、かやぶき屋根の農家に到着。カタクリを守っている方のお宅だそうで、裏山はカタクリの花が満開。アズマイチゲ、キクザキイチゲの花にも初めて出会えました。花の群落に感動し、農家の方に心から感謝しました。「初夏には向かいの山の斜面がヤマブキソウで黄色に染まります」。そのシーンが見たくて初夏も訪ねました。

日本に自生する花の群落を守るには、花たちが生活しやすい環境を守っていくことです。カタクリの花は下を向き、「これからも守ってね」とつぶやいているみたいです。

カタクリは群生し下向きに花が咲く

## 定番は桃色、人気は黄色

# シンビジウム

学名：*Cymbidium*
ラン科シンビジウム（シュンラン）属
花ことば：飾らない心、素朴

私が初めて水戸市植物公園を訪れたのは１９８７年の1月末。「水戸で植物園をつくるから行かないか」。大学の恩師から連絡があったので、東京から下見に出かけたのです。当時は20代半ば。若い女性に大人気だった「ラフォーレ原宿」で買ったオシャレなコートを身にまとい、いざ水戸へＧＯ！　水戸駅に着くと作業服の男性二人が改札で待っていました。「4月に開園するのに技術者がいなくて困っています。即戦力が欲しいんです」。そんな説明を受け、園内を案内されました。

滝が流れるテラスガーデンは石組み工事が終わったばかりで、花壇のなかは赤土があるだけ。階段や流れの御影石がまぶしいくらい白く、石の構造物は古代ローマの遺跡のように見えました。観賞大温室のなかはどこも光が降り注いでいました。ランコーナーにはシンビジウムが一株。そうそう、恩師に宛てて手紙を書いたんです。「直接、土に植えるなんて大丈夫かしら」って。

シンビジウムは、東南アジアから日本にかけて自生する原種を交配してできた園芸種で、栽培しやすい洋ランです。ただ、一般の草花と根の構造が違い、普通の土に植えると水分が多すぎて根腐れするんです。なので、恩師への報告となったしだい。軽石やヤシ殻チップ、炭などの水はけがよいものを混合して植えると元気に育ちます。定期的に植え替え、明るい日ざしに当て、施肥管理を上手にすれば、よく花が咲きます。定番はピンク色。でも最近は黄色が人気だとか。

栽培しやすく、人気のあるシンビジウム

シンビジウムが植えられていたコーナーに来ると、過ぎ去った月日を痛感します。開園30周年を迎えます。熱い思いを込めて植物公園をつくられた先輩方は、もう事務所にいません。時代とともに新しい魅力を加えてつぎに伝えるのが、私の水戸への恩返しと考えています。

## 豪華な花壇の主役に

# オステオスペルマム

学名：*Osteospermum spp.*
キク科オステオスペルマム属
花ことば：心身の健康

4月29日は水戸市植物公園の開園記念日です。最近は珍しい山野草やラン、花苗などを安く販売するフリーマーケットを行っていますが、26年前の4月、私は夜中まで花を植える毎日を送っていました。

1987年3月、私は植物公園開園のため、造園技術者として東京から水戸に越してきました。ある晩、すごい強風が吹くなか、自転車で帰ろうとしたら「危ないから軽トラで送ってあげよう」と先輩が自転車を荷台に載せました。ニンジン畑を通り過ぎようとしたとき、バチバチと砂利がフロントガラスに飛んで来てビックリ。ちょっと前まで、渋谷や六本木で青春を謳歌（おうか）していた私。「とんでもないところに来ちゃったな」が正直な感想でした。

つぎに驚いたのが、花の苗を植える担当の人たちに「植えたことがない」と言われたとき。一瞬、頭が真っ白になりましたが、「私が苗を置いたところに植えるだけでいいから」

と必死の毎日。そんなとき、公園の設計者である瀧光夫先生が登場。「パンジーだけで丸や三角にかたどって植えないでください。こんな風に混ぜて」と自ら植え始めました。今思えば、先生は英国庭園の混植花壇をイメージしていたんですね。ただ、悩む暇はありませんでした。開園は目前でしたから。

オステオスペルマムの原産地は南アフリカ

大勢の入園者を迎え、なかでも花壇は大好評。一番人気の花がオステオスペルマムでした。マーガレットを大きくしたような花形で、ダイダイや白もありますが、あのとき使ったのは濃い紫の花。鉢花として観賞されることが多く、花壇で大量に使うことはありません。南アフリカ原産で寒さに弱く、霜が降りたら花は傷みます。開園数日前、「霜が降りるかもしれない」と慌てて花壇にカバーをしたのを覚えています。

オステオスペルマムの豪華な花壇を、つぎは開園30年記念のときに再現してみたいですね。

## 山野草ファンのあこがれの薄紫色

# シラネアオイ

学名：*Glaucidium palmatum*
キンポウゲ（シラネアオイ）科
シラネアオイ属
花ことば：完全な美、優美

シラネアオイは山野草ファンにとっては、あこがれの花です。日本固有の植物で、日光の白根山に多く自生し、花咲く姿がタチアオイに似ていることから、シラネアオイの名がつきました。

花の色は株によって濃淡がありますが、薄紫の上品な花です。涼しい場所に自生していますから、夏の暑さに弱く平地での栽培は非常にむずかしいですね。毎年、水戸市植物公園で茨城山草会の展示会を開いています。咲き誇るシラネアオイに出会うと、栽培の達人たちの腕前に「すごいなあ」と思わず感嘆の声をあげてしまいます。

あるとき、達人の一人から「株を分けてあげましょう。夏の暑さにけっこう強いですよ」と声をかけられました。喜びの半面、頭のなかを駆け巡ったのは「わが家で栽培に適した場所は？」「用土や鉢は？」でした。

涼しい場所に自生。栽培はむずかしい

慌てて準備をし、あこがれの花を迎えました。朝日が当たり、午後は日陰になって、優しい風が通る場所を選びました。用土は水はけをよくすることが第一。晴れた日に腐葉土をコンクリートに薄く広げて干します。赤玉土と鹿沼土をふるって崩れた粒を除きます。腐葉土はじゅうぶん乾いたら、これもふるいにかけて落ちた細かい腐葉土を使います。これらを混ぜ、オリジナル用土の完成です。素焼き鉢だと乾きすぎると思いプラスチック鉢を選び、底には炭を入れて、根腐れを防ぎます。

努力のかいもあり、今のところは春になると芽が出て花が咲きます。冬は地上に顔を出さないので、5年ほどたった今でも春は「枯れたかな」とドキドキです。

今年は忙しく、山野草たちの植え替えが追いついていません。植物たちがしゃべれたら、「早く新しい用土で植え替えて！」とせかすことでしょうね。

日陰に負けない薬草

# イカリソウ

学名：*Epimedium grandiflorum*
メギ科イカリソウ属
花ことば：あなたを捕らえる、人生の出発

東日本大震災で被災した弘道館の復旧が終わり、公開を再開したのは誠にうれしいニュースでした。幕末に医者を養成する医学館が弘道館にあり、薬園では薬草を育てるなど製薬事業も行われていました。水戸市植物公園では水戸藩にまつわる薬草を育てている関係で、弘道館で再利用できない屋根瓦を分けていただき、薬草園の縁取りにしました。

この場所は半日陰が多く、栽培する薬草の種類が限られます。日当たりが悪くてもなんとか栽培できる薬草を考えたとき、思いついたのがイカリソウ（錨草）です。

イカリソウの仲間は東アジアを中心に約20種類が分布しています。１５７８年に完成した中国の薬学書『本草綱目』にも紹介されていますが、本書では中国原産のホザキノイカリソウのことをさします。生薬名を「淫羊藿（いんようかく）」といい、ホザキノイカリソウを食べた羊が元気になった伝説に基づいて、この名がつきました。小さくて黄色の花がつき、葉を触ると硬くて痛い感じがします。

一方、花びらの先端がツノのように反り返り、花の形が船のいかりに似ている日本に自生するイカリソウは、花の色が白、桃、赤紫、薄い黄とバラエティーに富んでいます。美しいので観賞価値が高く、栽培も比較的簡単です。最近は山野草好きの方を中心に人気が高まっていますので、園芸ファンならこちらの栽培をおすすめします。

昨年、薬草栽培ボランティアのみなさんと、植え込み地に腐葉土をまいてよく耕した後、イカリソウを植えました。ここ数日で、可憐な花がつぎつぎと咲いてきました。

イカリソウの花弁は四方に突き出る

１７０年ほど前は新品だった瓦は、今は風格を放ちながら江戸時代から利用される薬草たちを見守っています。弘道館で本草学の教鞭（きょうべん）をとっていた佐藤中陵（ちゅうりょう）の趣味が瓦を集めることでしたから、瓦つながりというのもなにかの縁なのかもしれません。

さやに潜む生命力

# フジ（ノダフジ）

学名：*Wisteria floribunda* マメ科フジ属
花ことば：歓迎、恋に酔う

水戸市植物公園の事務所で、「パーン」となにかがはじけたような大きな音がしました。つい「まっくろくろすけ？　ススワタリ？」と、スタジオジブリの映画に出てくる正体不明のものを思い浮かべた私。その直後にまた「パーン」。今度はなにかが飛んできました。それは円形で平たく、つやがあって褐色と紫色の中間の色をして、形はまるで碁石のよう。「あ、これかもしれない」とスタッフが大きな豆のようなさやを指さしました。「藤棚を通ったら、さやがたくさんできていたので採ってきたんです」。正体はフジの種だったんです。フジは水戸なら5月、紫色の花が房状に咲く、大変美しい花です。マメ科なので、花後は長さ10～20㎝と長めのさやができます。そのさやを暖房が利いた部屋に置いたら、なかの種がはじけ飛んだのです。

思い出しました。寺田寅彦（1878～1935）の随筆「藤の実」そのものではないですか。自然科学者であり、科学と文学を融合させた随筆を数多く残し、「天災は忘れた頃にやってくる」の警句でも知られています。その随筆の一部を要約して紹介すると――。

《昭和7年12月13日の夕方、自宅の居間で、ぴしりという音がした。子供がいたずらに石を投げたのかと思ったが、その正体は庭の藤棚の藤豆だった。晴天が続いて乾燥し、湿度の低下もあって多数の実がほぼ一様な極限の乾燥度に達したためであろう》

房状に花を咲かすフジ

初冬の時期に見るフジのさやは一見すると枯れているようにも見えます。さやのなかに、それほどの力が潜んでいようとは。ただ驚くだけではなく、はじけるメカニズムについても研究なさったところが寅彦先生の偉大なところです。

植物公園のフジは、ちょっと桃色がかった優しい花の色をしています。花の下から風になびく花房を見ていると、花のなかに吸い込まれそうな気分になります。

古代へ誘う芳香

# ラベンダー・ストエカス

学名：*Lavandula stoechas*
シソ科ラバンデュラ属
花ことば：私に答えてください、疑惑

ラベンダーといえば北海道の花畑でしょうか。でも筒井康隆氏の小説『時をかける少女』でラベンダーの香りが印象的に使われていたのを思い出す方もいませんか？ そう、この花は香りの植物として古くから人々に愛されてきたのです。

属名ラヴァンデュラ(Lavandula)はラテン語で「洗う」を意味し、古代ローマの人たちが好んでラベンダーを浴場に入れたことに由来しています。映画「テルマエ・ロマエ」でラベンダー風呂が登場してもおかしくありませんね。聖母マリアがキリストの産着をラベンダーの花の上に干したところ、芳香を放つようになった、と伝えられています。

私が英国のガーデンを訪ねたときのことです。バラやハーブなど、よい香りがする植物を集めた「香りの庭」がありました。黒いガゼボ（西洋風あずまや）のそばにはベンチがあって、背後に咲いていたのがラベンダー・ストエカスでした。花の上部にウサギの耳のような苞（ほう）があり、その下に小さな花がびっしり何段か咲いていました。一面が紫。とても贅沢（ぜいたく）なひとときをおくれるベンチでした。

ラベンダーは高温多湿の気候に弱く、北海道で元気に咲いていても、関東では梅雨に弱りがちでした。最近は日本の風土に合った栽培しやすい品種が登場しています。光に当てる、アルカリ性土壌を好むので石灰を混ぜる、花が咲き終わった細い枝は早めにつけ根から切る、水をあげすぎない、梅雨時はできれば軒下へ、などが栽培ポイントです。

心地よい香りのするラベンダー・ストエカス

品種は１００種類以上あるといわれるラベンダー。上質な花の香りを楽しむならイングリッシュラベンダー系、ウサギの耳のようなかわいい花を楽しむならフレンチラベンダー系です。

ラベンダーの花を咲かせて香りに包まれれば、あなたも「テルマエ・ロマエ」の時代にタイムトラベルできるかも。

## ニオイバンマツリ

### 夜になると花の香りが強くなる

学名：*Brunfelsia australis*
ナス科バンマツリ属
花ことば：浮気な人、幸運、熱心

久しぶりに出会った花には、まるで長いこと顔を見なかった旧友と会ったような懐かしさと喜びを感じます。私にとってニオイバンマツリ（匂い蕃茉莉）は、そんな花でした。

東京の下町に育った私は花を見るため、小中学校の帰り道のルートを季節によって変えていました。春は、坂道を上っていく途中の石垣で太陽を浴びてキラキラ光るように咲くハナニラの群落を眺めました。そばにはスミレも咲いていました。フェンスから花がはみ出して咲くジンチョウゲは、いつも顔を近づけて甘く優しい香りを楽しみました。

大谷石の門柱があるお宅では、奥にタイサンボクがそびえ立っていました。大きな花に驚き、道路に落ちた肉厚の白い花びらを持って帰りました。

ブルーのアジサイ、アルメリア、ライオンロック……。今思えば下町の庭は、園芸植物の宝庫だったのかもしれません。そんななか、中学校の帰り道で咲いていたのがニオイバンマツリだったのです。

ブラジル南部が原産の低木で、初夏に青紫色の花が株いっぱいに咲いたかと思うと、数日後には白く変わる。香りは優しく、でも夜になると強くなっていく。不思議な花です。

明治時代の終わりごろに日本にやってきましたが、私が出会った昭和40年代はまだまだ珍しく、「あの花はなんだろう」と、美しい姿をいつも道路から眺めていました。なぜかよその家の玄関先ですから、子どもながらに「侵入禁止」と自分に言い聞かせていました。まさに、あこがれの花だったのです。

花が紫から白になるニオイバンマツリ

最近、仕事の関係で香りのある花を探していたら、ホームセンターで満開のニオイバンマツリを見つけました。今は鉢花として販売されているんですね。ようやく私の元にやってきたニオイバンマツリ。すてきな器に植え替えて庭に飾りました。遠くから花を見つめるセーラー服の少女の姿を思い浮かべながら。

## ヤグルマギク

### 英名はコーンフラワー

学名：*Centaurea cyanus*
キク科ヤグルマギク属
花ことば：繊細、愉快、幸福、優雅、優美、幸運

小学生のころ、定期購読した本に「科学と学習」と称される教育雑誌がありました。私が選んだのは「科学」。付録が大好きだったから毎回楽しみで「今月はなんだろう？」と寄り道をしないで自宅に帰り、ワクワクしながら説明書を読み、完成品に仕上げたものです。今でも欲しいと思うのは「青写真実験セット」。日光写真ともいいますが、画像が青く出たときのうれしかったことと言ったら。

ミニ噴水もお気に入りでした。水をためたバケツを高い場所に、地面には噴水台をセット。両方をつなぐチューブに水が通ると噴水になり、その上をピンポン球がクルクル回る。遊びながら学んだ科学のおもしろさは、大人になっても忘れられません。

花の種も登場し、春咲きのヤグルマギク（矢車菊）が秋の付録にありました。ヨーロッパ原産のキク科植物で、英名をコーンフラワーといいます。小麦畑では雑草のように扱わ

ドライフラワーにしても美しいヤグルマギク

れる厄介者ですが、古代エジプト王ツタンカーメンのミイラの胸に抱かれていたのはコーンフラワーの花束だったそうです。魔よけや薬草として利用されていたのでしょう。
　この種を見たとき、「形が虫みたい。芽が出るの？」と思いました。植物の種というと、アサガオやヒマワリのように大きいものや、球形のイメージがありました。それが小さなイカが泳いでいるようにも見える不思議な形。芽が出て、青や桃色の花が咲いたときには、本当に喜びました。そんなヤグルマギクを七ツ洞公園「秘密の花苑」に植えました。イングリッシュローズも見ごろな苑内を、ＮＨＫのテレビ番組「趣味の園芸」で、ナビゲーターをしている三上真史さんとご案内します。
　白状すると、ヤグルマギクに堆肥をやりすぎてしまったんです。大柄でも、かわいく花を揺らして私を迎えて応援してくれたら、なんて思っています。

花後は「藪のなかの悪魔」に⁉

# クロタネソウ

学名：*Nigella damascena*
キンポウゲ科クロタネソウ属
花ことば：夢のなかの恋、当惑

種をまいてもいないのに思わぬところで花が咲いている。そんな繁殖力の強い一年草は使い方によっては大変便利です。たとえばクロタネソウ（黒種草）。ニゲラともいいます。細い糸のような葉に青や桃、白の花が咲く美しい一年草。花が終わると、黒い種の詰まったさやがチューリップのような形にふくらみます。ドライフラワーにするとすてきです。

学生時代のことです。クロタネソウとは知らず、初めて行ったヨーロッパでわざわざドライフラワーを買ってきたほど魅力的に見えました。後でさやから黒い種がたくさん出てきてびっくりしました。

花壇を芸術に高めたといわれる英国のガートルード・ジェキル女史（１８４３～１９３２）の著書『子供と庭』（１９０８年）で、開花中の花とその後の写真が掲載されています。英名も開花中は「Love in a mist（霧のなかの愛）」、花後は「Devil in a bush

（藪のなかの悪魔）」と変わります。

ふくらんださやの上部は、悪魔の角を連想させます。状態で名前が変わる草花も珍しいですが、この楽しい変化を子どもたちに教えてあげたいですね。そんなクロタネソウは、初夏に種が落ちると秋に発芽して、翌年5月ごろにまた開花します。

もう一つ「リムナンテス・ダグラシー」がおすすめ。英名をポーチド・エッグ・プランツといい、白地の花は中央部が黄色で、まるでゆで卵の断面か目玉焼きのように見えるのです。

20年以上も前、千葉大学の浅山英一先生が水戸にいらしたとき、園内をご案内すると「あれを学名で言ってみなさい」と。まるで試験のよう。そんな緊張するなか、リムナンテスをご覧になり、「ここで見られるとは」と喜んでくださりました。

植物公園にリムナンテスの苗をたくさん植えました。間もなく満開に咲き、来年は勝手に芽が出て「卵畑」が広がるはずですよ。

枝先に花と細い葉をつけるクロタネソウ

# カランコエ

## 花ことばは「ポピュラリティー」

学名：*kalanchoe* Blossfeldiana Group
ベンケイソウ科リュウキュウベンケイ属
花ことば：たくさんの小さな思い出、人気、人望

「息子が栽培した特別の花なの。ぜひさしあげたくて」

昨年の春、園芸教室によく参加してくださるSさんから、ベンケイソウ科のカランコエをいただきました。バラのような美しい八重咲きの品種でした。

花後に切り戻し、ひと回り大きな鉢に植え替え、水のあげすぎに注意しながら晩秋に温室に入れ、夜は暗い場所で管理しました。そのおかげで花がつぎつぎ開いてきました。学生時代、筑波大学の農場で栽培されていたカランコエは一重咲きで地味だったので、「はなやかになってよかったね」と、花に声をかけたくなりました。

でも一度だけ、一重のカランコエに目を奪われたことがあります。大学4年のとき、ドイツ・ハンブルクの花市場を視察しました。場内で見た花はアプリコット色のハイビスカス、大きく色あざやかなグロキシニア、おしゃれな容器に植えられたハイドロカルチャー

（水耕栽培）の観葉植物……。そのなかにラッピングされたカランコエがありました。日本でラッピングをする花屋さんがまだ少なかった時代、簡単な包装でも新鮮に見えたのです。少しの心配りでカランコエの魅力が倍増することを学びました。

さてその晩は、本場のビアホールにみんなで出かけました。楽団の生演奏で大勢の人が楽しそうに踊っているなか、日本人が来たとわかると急に坂本九さんの「スキヤキ（上を向いて歩こう）」の演奏で歓迎してくださいました。ここで私に、人生のなかで最高の「モテ期」が到来しました。ドイツ人の男性3～4人が私の前に並び、「踊ってくださいますか」と頭を下げて王子様のように待っているのです。しかし、うまく踊れない。適当に音楽に合わせてダンスしたものの悲惨な結果に⁉

八重咲きカランコエは小さなバラを思わせる花

ところでカランコエの花ことばは「たくさんの小さな思い出」。英語の花ことばに「ポピュラリティー（人気、人望）」があるのを思い出しました。

可憐な姿で長く咲き続ける

# デージー（ヒナギク）

学名：*Bellis perennis*
キク科ヒナギク属
花ことば：優しさ、いちずな心、無心、誠実な愛

日本でグループサウンズが全盛期だった１９６８年、小学生だった私は一枚のシングルレコードを買いました。透き通った声、物語のような神秘的な歌詞、幼い少女の胸に響いた曲は、ザ・タイガースの「花の首飾り」でした。

花咲く　娘たちは
花咲く　野辺で
ひな菊の　花の首飾り

少女が花で首飾りをつくる姿を想像しながら、静かに口ずさんだものでした。この歌詞は、当時北海道の女子高生が雑誌に応募した作品だったそうです。

では、その首飾りになった「ひな菊」はどんな花でしょうか。ヨーロッパや北アフリカが原産のデージーのことです。明治初期に日本に渡来し、「雛菊」、花期が長いので「延命

菊」とも呼ばれました。日当たりと排水がよい場所なら機嫌よく育ちます。３～４月は化成肥料を追肥します。春の暖かさとともにアブラムシがつきやすいので、粒状殺虫剤で予防するといいですね。可憐な姿で長く咲き続けるヒナギクは、大変愛らしく見えます。でも自生地のヨーロッパでは、意外にも雑草扱いされているみたいです。

学生時代、ドイツの公園で芝生に寝転んだとき、芝生の間で咲く小さなヒナギクを発見しました。日本で見る３分の１くらいの大きさで、オオバコのように芝生を荒らしていました。花が小さすぎて首飾りをつくるのは無理そうでした。

恋占いでも使われます。「彼は私を好き」「嫌い」「好き」と、思いを込めて花びらを一枚ずつ風に飛ばしていきます。どんどん少なくなっていく花びら。どんどん速くなっていく鼓動……。

春に咲くヒナギクは、そんな乙女心のイメージにピッタリの素朴で優しい花です。

日当たりのよい場所で長く咲くデージー

column

## 球根ベゴニアと育種家

ベゴニアといえば、夏の花壇に植える花を思い浮かべませんか？　冬から春にかけて楽しめるのが球根ベゴニアです。

ツバキやバラを大きくしたような花は、南米の熱帯高地原産のベゴニアをもとに交配され、栽培がとてもむずかしいのです。水戸市植物公園の温室では1～3月、夜間照明で光が当たる時間を14時間以上にするなど工夫して花を咲かせ、展示しています。

そんな気むずかしい球根ベゴニアを初めて見たのはもう30年も前のことです。

球根ベゴニアの育種家として知られた人が長野にお住まいでした。しかし、種子を購入するのは至難の業で、会うことさえむずかしいと噂（うわさ）されていました。

それが、園芸界の先輩を介し、会えることになりました。ただ、友人の結婚式の帰りに立ち寄ったため、私の服装は大きなリボンがついた真っ赤なワンピースで、足元は銀色の靴。派手すぎて怒らせはしないか、不安でした。高齢の育種家の方は驚いた様子で、後にいただいた手紙にも初対面はびっくりしたと記されていました。

夕方、電気で照らされた温室に案内していただき、カーネーションのようなフリルがついた花や、桃・ダイダイ・赤の華やかな色の球根ベゴニアの花を一つひとつ箱に詰め、お土産に持たせてくれた姿を今もよく覚えています。

緊張して返事をするのがやっとでしたが、幸い種子を分けてもらえました。その後も、水戸にも来ていただいて指導してくださいました。

日本で球根ベゴニアの花を楽しめるのも、情熱をもって日本の気候に合った品種をつくり出した育種家たちがいたから。花を見ると、あの育種家吉江清朗さんを思い出します。

第２章

# 夏の花を愛でて

フェンネルは枝先にパラソル状に開花

## 祖母の思い出と重なる宿根草

# オダマキ

学名：*Aquilegia flabellata*
キンポウゲ科オダマキ属
花ことば：偽善、猫かぶり、愚かなこと

「おばあちゃんがお嫁に来るとき、実家から持ってきた花ですって」。母から聞いたのは、優しい深紫色の花が咲くオダマキでした。

明治生まれの祖母は、ドラマ「おしん」の奉公先の大奥さまに、見た目も話し方もそっくりでした。祖母に会いに行くと、かならず家に帰る直前に呼ばれたものです。正座をし、祖母の話を聞きます。「いいか、『なせば成る　なさねば成らぬ何事も』ということばがあるように、なんでもやってみなければダメだぞ。いつも強い気持ちでがんばるんだ」。

小学生のときに聞いたことばです。祖母の前に座って話を聞く幼い自分が目に浮かびます。そのことばは自分にとって「座右の銘」となりました。努力してできることは努力を惜しまないよう。そう心がけています。祖母のことばが私のなかで生きているからです。

そんな思い出と重なる宿根草オダマキ。私も一株もらって、自宅に植えました。白く粉がふいたような葉は、切れ込みがあって形が独特です。下向きに咲く花は、形が麻糸を紡ぐのに使った糸車の苧環（おだまき）に似ているそうで、名前の由来になっています。

中央にある筒状の白い部分が花びらです。周囲の紫の部分は萼（がく）にあたり、後ろに突き出ている部分は「距（きょ）」と呼ばれるもので、先端が内側に曲がっています。花が終わった後にできる種子がつまったさやは、たたんだ傘みたいに見えてユニークです。

日当たりと風通しがよく、少々湿った場所を好みます。冬は寒さで地上部は枯れますが、春にまた芽吹いてきます。古い株は弱ってくるので、こぼれ種子で株を更新するのが理想です。

オダマキは清楚で美しい

最近のわが家は西洋オダマキが進出を始め、これがとてつもなく増えています。祖母の思い出と重なるオダマキを絶やすわけにはいきません。洋種は見つけしだい抜いて守っているおかげで、今年も庭のあちこちで日本のオダマキが咲いています。

## 万葉の恋歌に登場。今や「幻の植物」に

# ムラサキ

学名：*Lithospermum erythrorhizon*
ムラサキ科ムラサキ属
花ことば：弱さを受け入れる勇気

植物が多く登場する『万葉集』のなかで、私のお気に入りは大海人皇子が額田王の歌に答えた、この恋歌です。

《紫草のにほへる妹を憎くあらば　人妻ゆゑにわれ恋ひめやも》（紫草の紫色のように美しいあなたが憎いなら、どうして人妻なのに恋をするものでしょうか）

宴の席に詠んだ歌とはいえ、大胆な愛の告白ですね。

この紫草とはムラサキ科ムラサキ属のムラサキのことです。花は小さな純白の5花弁で、紫色なのは根なんですね。シコン（紫根）と呼ばれる生薬で、染料や化粧品などの原料にもなるんです。北海道の植物園から数年前に分けていただいたのですが、植え替えをしている間に白い手袋が赤紫に染まるほどでした。

先の恋歌が詠まれた時代は、天皇家のご領地の標野という、一般の人の立ち入りを禁じ

日本のムラサキは小さな純白の花

た地域に群生していたようです。現代では貴重種になり、国の絶滅危惧ＩＢ類に指定されています。各地で保存の試みがされていますが、栽培はむずかしく、発芽には適度な湿り気と、やや低い温度が必要。でも発芽率は低く、まさに「幻の植物」といえましょう。

ある薬草園の方から「ムラサキは２～３年目に急に生育が悪くなるよ」とうかがいました。生育は順調で、昨年は白い花も咲きました。今年の春は昨秋にこぼれ落ちた種がいっぱい発芽し、株が増えたと大喜び。でも葉の雰囲気がなにか違う……。予感は的中しました。多くの花は純白ではなく、黄緑がかった白。ヨーロッパやアジアが原産地の栽培しやすいセイヨウムラサキでした。以前から水戸市植物公園で育てていて、ムラサキの鉢を近くに置いていたのです。両種が交雑してできた種だったのかもしれません。

ムラサキも咲き始めました。白い花を見つけては、その鉢を離れた場所に移しています。万葉の歌を味わうためにも日本の貴重種を守っていかなくては、ね。

## 白いハンカチが風に舞うように咲く大木

# ハンカチノキ（ハトノキ）

学名：*Davidia involucrata*
ヌマミズキ（ミズキ、ハンカチノキ）科 ハンカチノキ属
花ことば：清潔

日光東照宮の前に東京大学の日光植物園があります。春に小さな花が愛らしいトキワナズナ、イワカガミやバイカイカリソウをはじめ、高山植物もつぎつぎと花開きます。日光に居を構えて植物研究に打ち込んだ水戸市出身の植物画家、五百城文哉（いおきぶんさい）先生（１８６３〜１９０６）も、ここで描いたのだろうかと、時が流れても変わらず咲く花たちに問いかけてみたくなります。この山野草の宝庫のような植物園の駐車場奥に、白いハンカチが風に舞うように咲く大木があります。ハンカチノキです。

中国原産で標高が高い場所に自生するため、夏は涼しいほうがよく、日光は最適な場所なのでしょう。学名をダビディアといい、１８６２年から74年まで布教活動で中国に出かけ、ジャイアントパンダも世界に紹介したというフランス人宣教師で生物学者のダヴィド神父にちなみます。

じつは水戸市植物公園にも園内に５本植えてあり、４月下旬から５月上旬に花が咲きます。池や森の湿気を帯びた優しい風がかけぬけ、日当たりのよい場所にあります。ハンカチに見える部分は花ではなく、苞（ほう）といって花を守る役目をします。本来の花は中央の球状をした部分です。最初は小さな緑色の苞が出現し、日に日に大きくなっていくと白く変わっていくのです。晴れた日に青空をバックに撮影するのがおすすめです。

ハンカチノキは中国原産の大木

秋になると、高さ７～８ｍもある木に丸い鈴をつけたような球状の果実がいっぱい実ります。実っただけ花が咲いたわけですから、花が多く咲いた翌年の花数は少なくなる傾向があるようです。

人気のある植物は世界共通。英国のガーデンを訪ねたとき、説明役の男性がハンカチノキに触れながら「ダビディアはラブリーだ」。恋人を自慢するように笑顔で話していた姿が忘れられません。

## 高くひそかに美しく

# ユリノキ

学名：*Liriodendron tulipifera*
モクレン科ユリノキ属
花ことば：あなたは私を幸福にする
ことを遅らせている、
待ちかねている

せっかくたくさん咲いているのに、気がついてもらえない花があります。それは北米原産のユリノキです。別名をチューリップツリーといい、花の形はチューリップにそっくり。黄緑色の花びらの下部に入るあざやかなオレンジ色のラインがとても美しく、間近で見てほしい魅力的な花です。

高さ20〜30ｍになる高木で、都内では街路樹に利用されています。初夏の風が吹き抜けるなか、日比谷公園から都バスに乗り、座席から外を見たとき、ユリノキの花に気づきました。葉が黄色く染まる秋の紅葉に気づいても、花の魅力を知る人は少ないでしょう。

幸い水戸市植物公園では、花の売店近くに階段があって、これを登るとユリノキの花を間近に観察できます。たたえた蜜をキラリと輝かせて咲く花のなんと美しいこと。つぼみから徐々に開く花を撮影すると、オレンジ部分が少しずつ増えていくのがわかるんです。

植物公園の木は大変気の毒なことに、植え升から根がかなりはみ出しています。もし根が弱って台風などで倒れてしまったら、と心配になりまして、昨年、知り合いの樹木医に相談しました。専用機器を使って根の診断を受けました。傷んで空洞になっている部分はなく、結果は心配なし。絡みついた根を少々切って、整理しました。根をいじめている結果、ほかの木よりも花つきがよく思えます。ちなみに今年は例年より早く花が咲き始めました。

ユリノキの別名はチューリップツリー

上野・東京国立博物館の前庭に巨木があります。ユリノキが日本に伝わって間もなくの１８８１（明治14）年、この木は植えられたそうです。博物館の創設の９年後のことで、以来ずっと館を見守ってきたのですね。「ユリノキの博物館」とも呼ばれ、館のゆるキャラは「ユリノキちゃん」。この木がいかに貴重な存在であるかわかります。

水戸のユリノキも時を重ね、私たちを見守ってくれることを願っています。

# 花の色や形が多彩で人気者

# クレマチス

学名：*Clematis hybrida*
キンポウゲ科センニンソウ属
花ことば：精神的な美しさ

植物公園の仕事に長く携わったおかげで、多くの研究者とお会いし、思い出は尽きません。筑波実験植物園の3先生は、みなさん故人となられましたが、とくに印象深い方々でした。紹介するのはどれも20年くらい前の話です。

ボリビア、ペルーなどランの自生地に出かけて新種を発見した橋本保先生。採集中に崖から落ちてけがをした話など現地でのハプニングを、目を輝かせて話してくださったものです。主人公の考古学者の冒険を描いた映画「インディ・ジョーンズ」みたい、と思ったものです。

洋ランの栽培を担当していた松崎直介先生は、新宿御苑から移られました。お父さまも小石川植物園に勤務され名著多数の伝説の方。植物公園でランの指導をお願いしました。洋ランの名前はラテン語の学名で書くのですが、この指導が厳しく、展示会で「名前が違う」とどなられながら学んだ生徒たちは、今では当園の洋ラン教室で大活躍しています。本当に全力で指導してくださった熱い先生でした。

「今度クレマチスを育てることになったんですよ。それも、かなり多く」。当時、筑波実験植物園の研究員だった矢野義治先生からは、クレマチスのコレクションを保存していく話をうかがいました。花の色や形がバラエティーに富み、蔓が絡まりながら多数の花が咲くクレマチス。当時はさほど注目されない花でしたが、今は実験植物園の人気展示物です。

クレマチスは花色、花形ともバラエティー

実験植物園は開園30周年を迎えます。６月には記念の公開シンポジウムが開催されます。

日本植物園協会の大会イベントの一つで、テーマは「絶滅危惧植物を考えよう」。全国の植物園の園長さんに会えるでしょう。一般参加もできますから、日本原産のカザグルマをはじめ、クレマチスの花咲く植物園であなたも日本の植物について考えてみませんか。

生薬にもなる「花王」

# ボタン

学名：*Paeonia suffruticosa*
ボタン科ボタン属
花ことば：恥じらい、富貴

5月18日は「国際植物の日」です。世界のみんなで植物の大切さを考える日として、2012年から始まりました。これにちなんで筑波大学、国立科学博物館筑波実験植物園と当園でイベントを行います。水戸ではなにをテーマにしようかと考えたとき、植物園の歴史が浮かびました。

ヨーロッパの植物園は薬草園が起源です。日本で最初の植物園も江戸時代に徳川幕府がつくった「小石川御薬園」。今では「小石川植物園」といったほうが通りがいいですね。というわけで日本の植物園も薬草園から始まったといえます。

原点に返り、薬草をテーマにしよう。それも水戸らしく。そこで18日に「水戸藩にまつわる薬草を楽しむ」講座を開くことにしました。

薬草のイメージは地味ですよね。民間薬で有名なゲンノショウコやドクダミにはなやかさはありません。でも美しい女性を形容する有名なことば「立てば芍薬、座れば牡丹、歩く姿は百合の花」に登場する植物はすべて薬草。そして花はいずれも迫力ある美しさです。

なかでも花が豪華なボタンは中国で「花王」といわれ、4～5年以上の古い株の根の皮を生薬に用います。中国原産の落葉低木で、平安時代に薬用植物として渡来したといわれます。漢方薬としての使い方は専門家に任せるとして、どうせなら豪華な花のほうを楽しみませんか。

豪華な花を咲かすボタン。根の皮を薬用に

栽培に取り組むなら日当たりと水はけのよく、夏の西日が当たらない場所が最適。40～50㎝の穴を掘り、腐葉土や堆肥、川砂、籾殻燻炭などを混ぜます。元肥に油かすと骨粉を入れ、土をやや高く盛って苗を植え、株元の地表面を腐葉土で薄く覆います。

水戸市植物公園の薬草園ではボタンやシャクヤクなどの花がつぎつぎ咲いてきました。お茶や果実酒など、手軽に利用できる薬草もあります。国際植物の日に、薬草の魅力をごいっしょに楽しみましょう。

## 耳飾りのような花をつり下げて

# フクシア

学名：*Fuchsia hybrida*
アカバナ科フクシア属
花ことば：激しい心、好み

落花生を煎る香りが漂い、八百屋のおじさんの「本日おすすめ」のかけ声が響き、開店祝いのチンドン屋が練り歩く。幼いころを過ごした昭和40年代の下町は、そんな生活の匂いや音がする活気あふれる街でした。そのなかにお気に入りの花屋さんがあり、小学生のころはかならず立ち寄ったものでした。

ある日、店の軒先に耳飾りを思わせる形の美しい花が、何鉢かつり下げられていました。赤い萼（がく）に濃い紫の花があざやかなフクシアです。南米を中心に分布しますが、暑さに弱く、栽培はむずかしいほうです。その時分はわかるはずがなく、すぐにお小遣いで買いました。学校から帰れば「私のお花は咲いているかしら」と花を見つめる毎日が続きました。

ところがしばらくすると、愛する花に小さな虫がいっぱいついているじゃないですか。「なに、これ！」。園芸書を買って調べたら、犯人はアブラムシ。殺虫剤で駆除しましょう、とあり、しかたなく乳剤を購入し、水で薄めてかけました。臭くて嫌だったことを覚えています。最近は品種改良が進んで夏の暑さにも、病害虫にも強い品種が登場し、以前より栽培がしやすくなりました。つい最近も寄せ植え教室の教材で使いました。黄色やダイダイ色のナスタチウム、青色のロベリアなどとの組み合わせがお気に入りです。

初夏と秋に満開を迎えるフクシア

栽培のポイントは、改良が進んだといっても、苦手な夏は株の上部3分の1くらいを切って、花を咲かせないことです。つらい時期に花が咲いても、よい花は咲きません。涼しくなった秋にふたたび咲くように夏はお休みさせ、9月になったら追肥をあげましょう。

下町の花屋さんで輝くように咲いていたフクシアは、今はわが家の玄関先の寄せ植えで、私を見つめるように咲いています。タイムマシンで昔の私に会えるなら、栽培のこつをいろいろ教えてあげたいものです。

優しい椿咲きが恋しくて

# ホウセンカ

学名：*Impatiens balsamina*
ツリフネソウ科ツリフネソウ属
花ことば：私に触れないで、せっかち

水戸市七ツ洞公園の秘密の花苑で、ホウセンカ（鳳仙花）が咲き始めました。はなやかな花が咲くツリフネソウ科ツリフネソウ属の一年草で、中国やインドなどが原産地です。日当たりのよいところで極端な水切れと、うどんこ病に注意すれば栽培は簡単。古くから親しまれている花ですが、私には忘れられない思い出があるんです。

小学校の帰り道、土間がある家の前を通りました。商品を陳列するような棚に花の種の絵袋が並んでいるのです。なかに入ってみると、八重咲きの花がイラストで描かれた「椿咲きホウセンカ」を発見。理科で習ったホウセンカと違う、見たことがない花で欲しくなりました。自宅に戻ってお小遣い片手にふたたび伺いました。「すみません。この種が欲しいんですけど……」と声をかけると、なかにいた男の人は「えっ？」と驚いた様子。「まあいいや、あげますよ」。うれしくて走って自宅に戻って種をまきました。夏に咲いた花はサーモンピンクで、小さなバラを思わせるかわいらしさ。草丈はそれほど高くなく、控えめで上品な花に大満足でした。

当時、私が住んでいた東京都内の家の近くを通る北区滝野川周辺の旧中山道は江戸時代、野菜の種を販売する店が多く、種子屋(たねや)街道などと呼ばれたのです。あのお宅も種屋さんだったのかと思って母に聞くと、造園業をたたんだばかりのお宅だと教わりました。

最近、あのホウセンカを見たことがなく、インターネットで検索してもわかりません。1958（昭和33）年に発行された『原色 園芸植物図譜』で調べたら写真がありました。「ほうせんか（矮性種(わいせいしゅ)）」がまさにそれで、小型に育つように改良された品種。「昭和初年ごろに販売された」と記載がありました。もう入手がむずかしいんでしょうね。

派手なホウセンカも好きですが、あの椿咲きの優しいホウセンカが今も恋しく思えてなりません。

ホウセンカは春まき一年草

## 雨が似合う花の代表

# アジサイ

学名：*Hydrangea macrophylla*
アジサイ（ユキノシタ）科アジサイ属
花ことば：移り気、浮気、冷酷、
高慢、あなたは冷たい

駅のホームから見た風景が、忘れられないシーンになるときがあります。そろそろ雨のシーズンですが、小雨降るホームにたたずんで列車を待っていると、ふっと口ずさみたくなるのが、松任谷（荒井）由実さんの「雨のステイション」です。

♪雨のステイション　会える気がして　いくつ人影見送っただろう

風景が目に浮かぶ叙情的な歌詞ですね。ちなみにこの駅は、ユーミンいわく、ＪＲ青梅線の西立川駅だそうです。

私にとって雨が似合う駅はＪＲ御茶ノ水駅。高校3年生のとき、週に何回か水道橋にある予備校に通っていたのですが、わざと一つ手前の御茶ノ水駅で降りていました。駅前の書店「丸善」で洋書の絵本を立ち読みしたり、画材専門店「レモン画翠（がすい）」をのぞいたりするのが大好きだったからです。

梅雨のある日、列車から降りると目の前を流れる神田川と森のような緑の景色が一体となり、蒼く煙っていました。雨の匂いがするような、神秘的な美しい風景にうっとり。渓谷のなかに設けられた駅には、そんな楽しみがありました。

新緑もいいですが、花咲く駅なら私にはもっとうれしい。たしか原宿駅のホームでアジサイ（紫陽花）を見た記憶があります。都会の真んなかだからこそ、さりげなく咲く花に癒やされたのです。

花色が変化するアジサイ

アジサイは、日本に自生するガクアジサイの改良種とされる落葉低木。8月以降に翌年咲く花芽ができるので、7月中に剪定をすませます。剪定に自信がない方にはアナベルがおすすめ。アジサイの仲間のアメリカノリノキの園芸品種で、春に出た枝に花が咲くので園芸初心者の方には最適です。

梅雨時に咲くアジサイほど、雨が似合う花はありません。雨を楽しみながらアジサイの咲く名園巡りもいいですね。

「妖精の国」へ誘うはなやかな花

# ホリホック（タチアオイ）

学名：*Alcea rosea*（*Althaea rosea*）
アオイ科タチアオイ属
花ことば：野心、豊作

子どものころ、ソフトキャラメルのおまけに、花の妖精（フラワー・フェアリー）のカードがありました。図柄は、花びらでつくられたような衣装を身にまとったかわいらしい女の子、やんちゃそうな少年たち……。背中にはチョウやトンボの羽がついていました。

これはイギリスの挿絵画家シシリー・メアリー・バーカーの作品で、花や木々の正確な描写と、無邪気な子どもたちを妖精に見立てて作品にまとめたものです。この美しい世界にあこがれ、妖精に関する話に始まって民間伝承についての話が大好きになり、「花の文化史」を調べるきっかけになりました。

アヴリル・ロッドウェイの「妖精の国への誘い（いざない）」によると、妖精を見るのに都合のよい日があり、夏至の前夜がその一つ。夏至は一年で太陽がいちばん長く地上を照らす日で、妖精たちが丘や地下から森や水のほとりに現れるのだそうです。彼らを見るための薬の処方というものもあるのです。材料に使われるのがタチアオイ（立葵）のつぼみ、マリーゴールドやタイムなどのハーブ。ただ、タイムは妖精のよく現れる丘で摘んだもの限定です。

タチアオイは真っすぐに伸びる姿から「立葵」の和名がつきましたが、英名をホリホックといいます。草丈が１ｍ以上になって、花の色は赤、桃、黄、白など。ハイビスカスに似たようなはなやかな花が下から咲いてきます。葉を食べてしまう虫がつくので定期的に薬剤などで予防しなければなりません。

ホリホックの花は下から咲く

「ホリホックの手入れをしていたら妖精たちに会えるかしら」と毎年思うのです。もちろん実現はしていません。でもいいんです。花を育てること、花にまつわる歴史や伝説、文化を調べてみなさんにお伝えすることのほうが楽しいですから。

ただ夏至が近づくとやっぱり思ってしまうんです。今年は６月22日が夏至。「つまり21日の夕方がチャンスってことね」

白くはかなく輝く一日花

# ツキミソウ（マツヨイグサ）

学名：*Oenothera tetraptera*
アカバナ科マツヨイグサ属
花ことば：無言の恋

今から40年も前の夏休み。高校受験を控え、予備校の夏季講習に通いました。会場は東京・池袋の立教大学。ツタの絡まるゴシック風レンガ校舎を見たときは、異国に迷い込んだような趣（おもむき）にうっとり。中学生なのに大学の校舎で学べることもうれしくて、毎日楽しく通いました。

受講した国語の教室は古い木造校舎で、扉を開けるとフッと香りが漂いました。「都電と同じ。ワックスの匂いだわ」。家の近所を走る都電荒川線に乗ると、車両の木製床からワックスの香りがするのですが、それを思い出したのです。

クーラーのない教室で60人ほどが受講したでしょうか。セミの声を遠くに聞きながら、ときどき、夏の風が心地よく教室のなかを吹き抜けます。先生がタオルで額の汗を拭きながら解説されたのは、太宰治の「富嶽百景」でした。有名な一節「富士には、月見草がよく似合ふ」は、この授業で初めて知りました。

作品を読むと「ちらとひとめ見た黄金色の月見草の花ひとつ」があります。本当のツキミソウの花は白です。同属種のマツヨイグサ（待宵草）、オオマツヨイグサなどもツキミソウと呼ばれますから、太宰が見たのは黄色い花のマツヨイグサだったのかしら。たしかに富士山には、白い花より黄色の花のほうが似合うかもしれませんね。

月とともに開花を楽しむツキミソウ

ツキミソウは日本的な名前ですが、本当のツキミソウはメキシコ原産。江戸時代に観賞用として渡来しました。やや乾燥した場所を好むため鉢で栽培し、できれば雨に当てないで、冬は霜で傷まない軒下で管理すれば翌年も開花します。しかし株の寿命は短いので、挿し木や種子まきで更新をはかります。

わが家ではこの時期、白いツキミソウが咲きます。暗闇のなかで白く輝くように咲く姿は神秘的です。翌日はピンクになって花が閉じてしまう、なんともはかない一日花（いちにちばな）でもあります。

## 賢治と重なる三陸の旅先で

# ツリガネニンジン

学名：*Adenophora triphylla*
キキョウ科ツリガネニンジン属
花ことば：詩的な愛、優しい愛情、誠実

「あの青い花がたくさん咲いているよ」。数年前、主人に誘われて出かけた日当たりのよい土手に満開のキキョウ科のツリガネニンジン（釣鐘人参）。淡い紫色の釣鐘形の花が下を向き、数段に分かれて咲いていました。古い呼び名を「トトキ」といって、春先の若芽がおいしいことが古くから歌われています。

私はこの花を見ると宮沢賢治を思い出します。三陸鉄道が開業した1984年、旅の本の表紙を飾った三陸の海に魅せられ、岩手県を一人旅しました。新幹線で着いた盛岡から宮古まではバス。とにかく奥深い山のなか、奥へ奥へと進むと、木々の緑が濃くなっていきました。野原の草を揺らし走り抜ける風の音はザーザー。それはそれは大きく感じました。「『風の又三郎』が登場しそう」。岩手出身の賢治の代表作に思いをはせ車窓の風景を楽しんでいると、緑のなかで咲くツリガネニンジンを発見しました。そういえば同じキキョウ科のホタルブクロの学名はカンパニュラ。『銀河鉄道の夜』に登場するカムパネルラの名前にそっくり。賢治はキキョウ科の花が好きだったのかもしれません。

約２時間のバスの旅を終えると、新しい車両の匂いがする三陸鉄道に乗り込みました。途中で突然広がる青い海を見たとき、「わあ、きれい！」と思わず歓声をあげて喜びました。堀内（ほりない）で降りると、車も通らないし人もいない。左は山で右は海、長い坂道を歩いて国民宿舎に向かいました。ウミネコでしょうか、海鳥の声を聞きながら入ったお風呂と、「いちご煮丼」といっていたウニ丼を食べたのがよい思い出です。約30年後、テレビドラマ「あまちゃん」のロケ地でブレークするとは、もちろん想像もできませんでしたが。

今年は残念ながら、まだ土手に咲くツリガネニンジンを見に行っていません。夕暮れどき、筑波山を背景に咲くツリガネニンジン、天を見上げたら銀河鉄道が……。そんなシーンに出会えたらすてきなんですけど。

ツリガネニンジンの花は名のごとく釣鐘形

## 赤紫色に燃えるお盆の花

# ミソハギ

学名：*Lythrum anceps*
ミソハギ科ミソハギ属
花ことば：悲哀

幼いころ、庭の植物たちは大人になった今よりもっと身近な存在でした。東北に住む叔母の庭に行くと、そこはまさに私の秘密の花園。裏庭で咲いていたピンクのカノコユリ（鹿子百合）は私より丈があったので、「ユリのトンネルみたい」と喜んで花の下を通っていました。「花粉を服につけると、黄色く染まって取れないから気をつけなさい」と注意されても平気。雄しべをハサミで切ってから歩けばいいのです。でも格好悪くなってしまい、ユリには気の毒なことをしていました。

手のひらよりも大きく咲くダリアのつぼみには、蜜がキラキラ光っていたので失敬してなめてみたり、風船みたいにふくらむキキョウのつぼみは、わざとパチンとつぶしてみたり……。花と遊ぶのが好きだったのです。今思えば、あの花たちは叔母が仏壇に飾るために育てていたものでした。

さて8月半ば、橋の上から河原を見ると、赤紫色の花が群落で咲いていました。とても美しいのでなんの花かと尋ねると、「お盆のころに咲くから盆花ともいうミソハギだよ」と叔母。小さな花が穂のようにつき、満開に咲けばあたり一面が赤紫に染まります。精霊花（しょうりょうばな）とも、仏様花（ほとけさまばな）ともいわれます。お盆のとき、お墓によく飾られる花でもあります。水に浸して汚れを払う禊（みそぎ）に使われたとされ、祭事や盆飾りの供物を清める意味から「ミソギハギ」となり、転じてミソハギになったそうです。

栽培には、ちょっと湿った日当たりのよい場所が適しています。植えるときには腐葉土を混ぜて水もちをよくするといいでしょう。

植物公園では、そのミソハギがオレンジ色のヒオウギの花とともに満開に咲いています。木々の緑のなか、その場所だけ赤紫色に燃えているみたいです。「やっぱりお盆に咲くんだね」。風にそよぐミソハギたちに語りかけ、セミの声をＢＧＭに園内を巡回しています。

ミソハギは各葉腋に１～３個の花をつける

## 夏の終わりを告げる花

# センニンソウ

学名：*Clematis terniflora*
キンポウゲ科センニンソウ属
花ことば：あふれるばかりの善意、安全、無事

みなさんには、それぞれ忘れられない夏の思い出があるはずですよね。私の場合、東北に住んでいた叔母の元で過ごした小学生の夏の日々です。朝はラジオ体操、セミの羽化探し、日中は川遊び、夕方は畑でキュウリやナスを収穫、夜は星の観察、街灯に群がるカブトムシ探し……。自然いっぱいの毎日でした。

ある日、小学校の分校で教師をしていた叔母が「いっしょに学校に行く?」と言うのでついていきました。山を背にした木造校舎、校庭には跳び箱がわりの地面に埋められた車のタイヤ、全校児童は60～70人だったでしょうか。

「東京から来た私のめいっ子」と紹介され、数日間、授業を受けました。学校のおおらかな対応や、2～3年生が一つの教室で授業を受けているのにビックリ。指導するテクニックは今思えばすごいことです。最初は遠目で見ていた子どもたちとも仲良くなり、帰りは

みんなにバス停まで送ってもらいました。

そんな夏休みが終わりを迎えるころ、自転車に乗って植物採集に出かけました。するとやぶのなかで、白い花をつけた蔓性植物を見つけました。枝を切って持ち帰り、植物図鑑で調べるとセンニンソウ（仙人草）でした。クレマチスの仲間で大変美しい花。種子につく白い毛の集まりを仙人のひげにたとえ、この名がつきました。毒草と書いてあり、慌てて手を洗ったことを覚えてます。

最近は、自宅近くのやぶのなかにセンニンソウを見ることができます。この花を見ると、「東京に帰らないといけない」と切なくなった記憶がよみがえります。私にとってセンニンソウは、夏の終わりを告げる花なのです。

センニンソウは蔓性の半低木

## 夏の青空に映える常緑低木

# キョウチクトウ

学名：Nerium oleander
キョウチクトウ科キョウチクトウ属
花ことば：油断大敵、危険

この夏、常磐自動車道の守谷市あたりを通ったときに、車窓から道沿いに咲くキョウチクトウ（夾竹桃）が見えました。高校1年の夏の日も咲いていた花――。夏休みが近い放課後のことでした。「水着のバーゲンがあるから行かない？」と友人。中学生のときは紺のスクール水着が定番ですが、高校生になったんだし、というわけです。

数日後、みんなで東京・銀座の「三愛」に出かけ、山と積まれた水着のなか、戦闘状態でお気に入りを探しました。大変なのは試着。友人の一人がビキニを試すとみんなが集まり、ほめたり笑ったりと大騒ぎでした。私はエメラルドグリーンにかわいい模様が入ったワンピースの水着を買って大満足。「あこがれの君と」と言いたいところですが、結局夏休みに3人の幼なじみとプールに出かけました。

まだぬれている髪を風になびかせ、おしゃべりしながらの帰り道。ちょっと前置きが長くなりましたが、咲いていたのがキョウチクトウの花でした。インド原産の常緑低木で、寒さにやや弱いのですが、水戸市内でもときどき庭に植えられています。花の色は桃、白が代表的。高速道路沿いに植えられていることが多く、大気汚染に強いイメージがあります。葉にある毛がフィルターの役目をして、気孔から有害物質が入るのを防いでいるそうです。

夏季につぎつぎと開花するキョウチクトウ

　葉や茎から出る乳液には有毒成分が含まれているので、生の枝葉を焼かない、アウトドアで枝を箸にして口に入れない、などに気をつけます。植えたり、観賞したりするだけなら安心なので、注意して栽培しましょう。

　夏に始まり夏に終わるキョウチクトウの花。先の台風でだいぶ盛りも過ぎてしまいましたが、青空を背景に咲く、残り少ない花を見ていると、キラキラしていた少女時代をつい思い出してしまうのです。

## 上品ではなやかな花は一夜限り

# ゲッカビジン

学名：*Epiphyllum oxypetalum*
サボテン科エピフィルム属
花ことば：はかない恋

出張で家を数日、留守にしたときの話です。迎えに来た主人が車のなかで、「ゆうべは美人さんと遅くまでいっしょで……」。なんということでしょう。「えっ、えっ、浮気？」と思いきや、自宅に戻って真相がわかりました。ゲッカビジン（月下美人）が咲いたので、花が開く様子を夜遅くまで撮影していたのですって。バラよりも洋ランよりもはなやかで美しいゲッカビジン。その花がライバルでは私も太刀打ちできませんが、なにも「美人さん」なんて言い方をしなくても。でも内心安心しました。

ゲッカビジンは中南米原産のサボテンです。葉は厚みのある昆布のような形をして、全体は美しい姿とは言えません。でも直径25㎝ほどになる花はみごとな美しさ。純白の薄い花びらが重なって上品ではなやかです。中央部に飛び出ているのは雌しべで、その周囲に雄しべがビッシリ張り出しています。

わが家では午後7時ごろからつぼみがゆっくり開き始め、10時ごろに満開を迎えます。朝になると花はしぼんでいて、「あれは夢だったのか」と思うほど寂しい姿になっています。夜咲く花の特徴ですが、独特の香りを放ちます。「咲きましたよ～」と受粉を助けてくれるコウモリや昆虫たちに開花をお知らせするのでしょう。ゲッカビジンの開花はまさに一夜限りのナイトショー。京都の友人を夜に訪ねたとき、ゲッカビジンを家の前に置き、ライトアップしていたお宅がありました。美しい花を多くの人に見てもらいたい。そのお宅の方々のそんな優しさが伝わってきました。

ゲッカビジンの花は大輪ではなやか

冬は温度管理が必要です。10度以下にならないようにするのが目安です。開花後は追肥をあげて肥培すれば年3回くらい咲きます。つぼみが徐々に大きくなり、上を向き出します。それが開花の合図です。

わが家では3鉢あります。花が開いていく様子を見ながら晩酌するのが楽しみの一つなのです。美人さんと過ごす一夜、あなたも楽しんでみては。

# ツタスミレ

## 「パンダスミレ」と都会で再会

学名：*Viola hederacea*
スミレ科スミレ属

学生時代、筑波大学の農林技術センターでは農産物を販売していました。鉢花で人気だったのはツタスミレ。「白と紫の花模様がパンダみたいだろう。だからパンダスミレとも呼ばれるんだ」。技官の方が話しながら、工具のきりをライターで熱してプラスチック鉢に穴をあけ、緑の針金を通してつり鉢に仕立てていたのを、そばで見ていたものでした。

大学を卒業すると東京に戻り、めまぐるしい生活がスタートしました。麻布の仙台坂をバスで通ったとき、やけに大きくて明るい月を見たら、フッと筑波が恋しくなりました。35年ほど前の構内は外灯が少なく、暗くて怖かったんです。でも月が出ると周囲がパッと明るくなって、「月って明るかったんだ」と初めて気がついたのです。仙台坂の月を見ていたら大好きな先生や農場が思い出され、ちょっとホロリ。たくさんの愛情に包まれて勉強できたことに、感謝した瞬間でした。

話を戻しましょう。それから数年後、年末に新宿御苑を会場にした洋ラン展を見に行きました。カトレアの大株づくりなどが温室内に展示されているなか、地面をはうように広がる下草をよく見たら、ツタスミレじゃないですか！　大都会で、故郷に咲いていた花に出会った気分でした。オーストラリアからマレー半島が原産の多年草で、ちょっと湿り気があって優しい日ざしが当たればご機嫌で、温室の下草にピッタリ。ここなら一年じゅう花が咲きます。都会で活躍していたんですね。

昨年の秋に新宿御苑を訪れると古い温室はなく、超近代的な建築物に生まれ変わった温室が高層ビルを背景に輝いていました。学生時代に誘(いざな)ってくれるツタスミレは活躍しているのかしら……。確認しないで水戸に戻ってきたのが悔やまれます。

水戸市植物公園では観賞大温室の片隅で、ひっそり咲いています。「今日も咲いているね」。園内を巡回しながら語りかけています。

鉢花としても人気のツタスミレ

赤く熟す実に存在感

# アラビアコーヒー

学名：*Coffea arabica*
アカネ科コーヒーノキ属
花ことば：いっしょに休みましょう

子どものころから本が大好きで、中学時代は学校帰りに古本屋に毎日立ち寄り、お気に入りの作品を買い集めていました。

あこがれだったのは手塚治虫の『火の鳥』。「手塚作品でも最高傑作と言われているんだよ」。友人がそう言っていたので読みたかったのです。見つけたのはおそらく初版本。お小遣いで買える値段ではなく、最上部に神々しく並んだ姿をいつも見上げていました。

社会人になると東京大学農学部前や神田の古書店街に通い、日本の植物分類学の基礎を築いた植物学者、牧野富太郎（1862～1957）の随筆集を集め始めました。『植物記』『植物一日一題』などお気に入りの本を見つけた帰り、上機嫌で立ち寄ったのが、神保町にある隠れ家的なコーヒー店でした。

階段を下りて地下の扉を開けるとコーヒーの香りが押し寄せてきます。暗くて静かで、香りが染み込んだ店内。決まってコスタリカコーヒーとレアチーズケーキを頼み、買ったばかりの本のページをめくります。なんて幸せなひとときだったでしょう。今もときどき立ち寄ります。変わらない店内、コーヒーの香りが私を昔に戻してくれます。

コーヒーはアカネ科コーヒーノキ属の数種の総称で、果実を加工して利用します。なかでもアラビアコーヒーで知られるアラビカが有名で、ブルーマウンテンなど栽培品種が多数あります。栽培適温は18～25度、レースのカーテン越しほどの明るさが適当なので、つやがあって美しい葉を観葉植物として室内で楽しむのもいいでしょう。春から初夏、秋に肥料を施し、水のあげすぎには注意しましょう。

観葉植物として楽しめるアラビアコーヒー

水戸市植物公園の熱帯果樹温室でもコーヒーノキを観察することができます。今は白くて清楚(せいそ)な花が咲いています。しばらくすると果実が枝に連なってつきます。緑色から赤く熟していく姿は存在感があります。観察してみてはいかがでしょうか。

楽園に咲く極彩色

# ストレリチア

学名：*Strelizia reginae*
ゴクラクチョウカ（バショウ）科
ゴクラクチョウカ属
花ことば：創造力、恋の伊達男、独創性

温室で咲く植物のなかに、花の形が極楽鳥の飾り羽に似ていることからバード・オブ・パラダイスの英名をもつものがあります。それはストレリチア・レギナエ（和名は極楽鳥花（ごくらくちょうか））です。

バショウ科の多年草で、南アフリカに原生します。草丈は1mほどで、花茎の先にオレンジ色の3枚の萼（がく）と1枚の青い花びらをもった色あざやかな花が咲きます。

私はこの花を見ると1980年の夏、大学のサークルで植物観察を目的に三宅島に向かったときに乗った汽船「すとれちあ丸」を思い出します。午後10時45分、どらの音がジャーンとなりました。出港です。暗い海を進む船の甲板で初めて行く島にどんな植物があるのかしら、とわくわくして星を眺めていました。

私以上に期待で胸いっぱいの30代の青年が約250年前、南アフリカへ向かう船に乗り

ストレリチアは南アフリカ原産の多年草

こみました。ストレリチアを採集したフランシス・マッソンです。20歳ごろから英国のキュー植物園の園芸員だったマッソンは、勤勉に植物の勉強をしたおかげで採集者としての知識を身につけ、国王ジョージ３世がプラントハンターとして派遣したのです。

１７７２年にケープタウンに到着すると、４００以上の新しい植物を発見して英国に送ります。「南アフリカは植物の宝庫。ケープ半島を歩くとアラジンの洞窟に入ったよう」。彼にとってはまさにパラダイスだったようです。

ストレリチアはその１００年後に日本に渡来します。第２次世界大戦後には八丈島などで切り花用に栽培されるようになりました。

植物公園の観賞大温室にいらしてみてください。そんな由来をもつ花が今あでやかな姿を披露しています。

光を求める一日花

# ルエリア・バルビラナ

学名：*Ruellia barbillana*
キツネノマゴ科ルエリア属

水戸市植物公園の温室に初めて入ったのは今から30年前のことです。温室といえばガラス張りのイメージですが、コンクリート打ちっぱなしの斬新なデザイン。天井の低い回廊式のスロープを進み、扉を開けるとサボテンが、そのつぎは滝の流れるジャングルが登場します。

場面展開のおもしろい設計は、著名な建築家、瀧光夫さんの手によるものです。美術品を味わって楽しむように植物を観賞する温室をめざしたそうです。芸術性の高いこの温室は、１９８８年度の日本造園学会賞を受賞しました。

私が植物公園の技術者として勤め始めたとき、じつはこのコンクリートの壁に悩みました。光が足りないんです。パラソル仕立てのブーゲンビレアが咲くと、下に植えたハイビスカスには上からも横からも光が入らず日陰に。その下の植物はなおさらです。

なにを植えたらよいか悩んでいたとき、園芸仲間が遊びに来ました。「この温室のなかでよく咲く種類と同じ仲間を植えてみたら」。よく咲くのはキツネノマゴ科のパキスタキスでした。同じ種類で美しい花を咲かせるもの……。そこでルエリア・バルビラナを植えてみました。中米コスタリカが原産。草丈50㎝ほどで先端が五つに分かれたラベンダー色の花は直径４～５㎝。大きくて愛らしい花です。温度と光があれば周年咲き続けますが、残念なことに一日花です。半日陰に植えましたが、今は日の当たる場所で勝手に咲いています。思いどおりにいかないものですね。

愛らしい花を咲かせるルエリア・バルビラナ

　ところでコンクリートの壁でよいこともありました。日中の日ざしの暖かさが壁に保持され、保温効果があるんです。東日本大震災で暖房用ボイラーが不調だったときも温室内はわりと暖かかったのです。震災時、温室の植物たちを守ることができたのは、壁のおかげかもしれません。

香りも味も楽しむ「愛の花」

# ナスタチウム

学名：*Tropaeolum majus*
ノウゼンハレン科ノウゼンハレン属
花ことば：愛国心、勝利

寒さはまだ厳しいですが、温室で種まきをすることにしました。今まけば花が咲くのは初夏。それなら黄やダイダイ色の花がかわいいハーブのナスタチウムがいいかしら、と。

南米ペルーの高冷地が原産で16世紀にヨーロッパに伝わり、「ペルーの紅色の花」と呼ばれる一方、薬草としても利用されました。葉を食するとピリッとした刺激があり、精気や活力を与えてくれるところから「愛の花」ともいわれます。新鮮な葉はサラダ、花は飾りに、種子は酢漬けにできますが、私は花と香りを楽しむハーブのバスケットで使いたいのです。紫色のラベンダー、赤や桃色のモナルダ、黄色のイエローヤロー、さわやかな香りのミントや素朴なワームウッドをさりげなくカゴに入れ、手前に茎が長く伸びたナスタチウムをたれ下げる。そんなアレンジを初めてつくってから25年がたつでしょうか。

あのときの器は花車。花を生けたら芝生やロックガーデンに置き、東京から遊びに来ていた若いカメラマンに撮影してもらいました。秋のハーブ展のポスターや、ハーブの園芸書にも画像を使わせてもらいました。今、その人が夫になり、本書の写真を担当してもらっています。ハーブのおかげかもしれません。

家庭でナスタチウムの種をまくなら、サクラが咲いてからがいいでしょう。豆のような大きな種を前の晩から水に漬け、薄皮をむいておくと、発芽しやすくなります。用土を入

食用花にも利用できるナスタチウム

れた３号鉢に２粒くらいを離してまきます。新芽が10㎝くらい伸びたら先端を軽く摘んで脇芽を育てます。地際からも元気な芽が出ますから、水と肥料をやりすぎないように注意して、よく光に当てて育てるといいでしょう。

20代のころからナスタチウムを育ててきましたが、50代になると、張りきりすぎる園芸作業が身体的にきつくなりました。がんばりすぎない園芸を目標にしよう、と言いながらも「種まく人」となるのです。

アルカリ性の土を好む

# カスミソウ

学名：*Gyposophila elegans*
ナデシコ科カスミソウ属
花ことば：清らかな心

幼いころ自宅に庭がなかったので、植物は鉢で栽培していました。現在どこにでもあるプラスチック製の長プランターが世の中に登場したのは、たしか小学校5～6年のとき。「なんておしゃれ。すてきっ」。親に頼んで池袋のデパートで1個1000円以上するものを買ってもらったことを覚えています。

シャーレーポピー（ヒナゲシ）、カリフォルニアポピー、カスミソウ（霞草）の種をまきました。どの花も見たことがなかったのですが、近所の花店で種が絵袋で売られていたので、それを見て選んだのです。花づくりの本も買って勉強しました。初夏に花が咲き大喜び。小さな花瓶にも生けて部屋に飾り、いつも眺めていました。

桃色やダイダイ色の花が可憐なシャーレーポピーは別名を「虞美人草（ぐびじんそう）」といいます。中国で虞美人といわれた女性にちなんだ名前だけに美しいケシ科の花です。ダイダイ色の花の質感も好きだったカリフォルニアポピーは、米国カリフォルニア州の州花。花の形が家紋の花菱（はなびし）に似ているので「花菱草」ともいわれます。

そして小さな白い花がたくさん咲くと、かすみがかったように見えるナデシコ科のカスミソウはいちばんのお気に入り。花について調べると学名をジプソフィラという。これは「石灰を好む」という意味でした。運動会のときにラインを引くのも石灰だけど、なんで花がそんなのを好きなのかしら。アルカリ性の土を好むことを意味していますが、土壌の酸度のことはまだ学校で習っていなかったので、ちんぷんかんぷん。いずれにしても、小学生のときから花を育てることが好きだったのです。

カスミソウの花は枝先に群れ咲く

最近では、七ツ洞公園の「秘密の花苑（はなぞの）」の中心部分のホワイトガーデンに、水戸市植物公園では大温室側のミニガーデンに種から育てた「カスミソウエレガンス」の苗を植えました。発芽しやすく寒さにも強く、育てやすいカスミソウです。

黄門さまも認めた薬草

# キキョウ

学名：*Platycodon grandiflorus*
キキョウ科キキョウ属
花ことば：変わらぬ愛、誠実、従順

水戸市植物公園の植物館から木々が生い茂る樹木園に向かって歩いて行くと、急に目の前が明るくなります。ダイダイ色のヤブカンゾウの群落です。そこで満開のころを迎えているのがキキョウ(桔梗)。3年ほど前にボランティアと木の根だらけの土地を鍬で開墾し、苗を植えたのが花開いたのです。苦労したかいがありましたね。

キキョウは「秋の七草」の一つでなじみ深い野草ですが、薬草でもあります。根はゴツゴツ太っていて、「これは朝鮮人参です」と言ったら、疑いなく信じるでしょう。根には泡立つ性質のあるサポニンなどが含まれ、痰(たん)を取る薬に使われます。江戸時代、黄門さまで有名な徳川光圀(みつくに)の命で発刊された家庭の医学書『救民妙薬』にも記述があります。

栽培するなら、日当たりのよい場所に株を植えましょう。6月から花が咲き始めます。草丈が80㎝ほどになるので、風で倒れてしまうことも。そこで50㎝くらいになる5月下旬、先端部を切って摘心(てきしん)をしました。管理しやすい草丈になるし、花数も増えます。

　開花時期や咲き方の違いを比較するため、私は手前の株だけ摘心をして、後部の株には手をつけませんでした。満開を迎えた今、手前の株は風が吹いても倒れることのないちょうどよい草丈で、花もいっぱい咲いています。後ろの株は丈が高く、風に揺られて咲いています。遠目に見るとなんとも立体的な姿。大満足です。野に咲くキキョウの花のイメージは、やっぱり風に揺れる姿ですものね。

秋の七草で万葉の昔から愛されるキキョウ

　この方法は日当たりがよい場所なので成功しました。悪い場所で摘心をしたら、株がいじけてあまり咲きませんでした。栽培環境の見きわめが大切です。
　来年は、今年以上にいっぱい咲かせたくなりました。3月になったら株を掘りあげ、株分けをして植えましょう。おっと忘れていました。その前に、鍬で開墾してくれる力強いボランティアを募集しないといけませんね。

優しい桃色で愛らしく

# サルビア

学名：*Salvia splendens*
シソ科サルビア属
花ことば：燃ゆる思い、家族愛

花に自分の名前がついたら、うれしいですよね。アジサイの人気品種「ミセスクミコ」は育種家の奥さんの名前だそうですし、植物分類学者の牧野富太郎も新種のササに奥さまの名前から「スエコザサ」と命名しています。

そして今まさに満開の桃色のサルビア。じつは私が海外から導入したんです。そうしたら流通名に私の名の一字「綾」を入れて「あやのピーチ」と命名してくれたのです。学名のような正式な名前ではありませんが、花屋で姿を見かけると思わずニコッとほほえんでしまいます。シソ科サルビア属でブラジル原産です。サーモンピンクの花色が愛らしく、ブルーの花と組み合わせれば、花壇は優しい色合い。癒やされますよ。花を多く咲かせるには、初夏から夏に先端部を軽く切る摘心を数回繰り返します。気をつける点は、初夏から夏にオンシツコナジラミという虫の予防です。葉を切って風通しをよくし、殺虫剤を散布します。葉裏につくのでこまめに観察し、見つけしだい取り除いてください。

肥料は大好き。春から秋は盛夏を除き、月1回、有機質肥料をあげてください。下葉が黄色くなったら肥料切れのサインです。寒さに弱く、冬は室内に入れるか、種をとっておき、翌年にまきます。こぼれた種が自然に発芽することもありますが。

流通名は「あやのピーチ」

水戸市植物公園では3月に温室で挿し木をし、初夏に大きな鉢に植え替え、夏には日当たりと風通しのよい芝生園前に移動します。手をかけたかいあって、10月は花盛り。色の組み合わせから花壇の最前列は定番の真っ赤なサルビア。脇役に回ったあやのピーチに、花壇の前を通るたび語りかけています。

「あやちゃん、トップになれないけれど、じゅうぶんにチャーミング。秋いっぱいがんばって咲いてね」

column

## フェンネルとキアゲハ幼虫の好物

初夏はラベンダー、ヤロー、モナルダなどハーブの花の最盛期。なかでも個性的なのがフェンネル。黄色の小さな花が傘状に集まって咲きます。

古代ギリシャ、ローマの時代から貴重な薬草として利用され、日本にはシルクロード、中国を経て平安時代に渡来したそうです。サーモンのムニエルなど魚料理の香りづけ、ハーブでつくる小さな花束に利用するのがおすすめ。栽培は簡単。大いに楽しんでほしいハーブです。

ただ一つ問題があります。キアゲハもフェンネルが大好きなのです。気がつくとかならず葉に幼虫がいます。「大切なハーブを食べないで」と、なんとかしたくなります。フェンネルは葉数が多いから、キアゲハのために少し提供してもさほど影響はない。そう自分に言い聞かせ、幼虫は見て見ぬふりをするようにしています。

じつは私、幼いときから虫の飼育も好きなのです。小学校の理科でアゲハチョウについて学ぶと、「ウチのミカンの木に幼虫がつくからあげる」と女友達。彼女のお父さんがイチゴパックを二つ合わせて飼育箱をつくってくれたなかに幼虫を入れ、食草のミカンの葉をもらいに毎日通いました。

ある日、飼育箱を見ると幼虫がいません。「逃げちゃった～」と悲しんでいたそのとき、居間の天井でサナギになっていました。羽化の瞬間にも出会えました。ぬれた羽がゆっくり開いていくさまのなんと美しく感動的だったことか。

あるとき、ミカン科のキハダに幼虫を発見。食べられては困ると、幼虫をフェンネルに移動してあげました。数日後、幼虫の姿がありません。アゲハの種類で食べる植物が違うことを知らず、ミカン科を食すアゲハチョウの幼虫をセリ科の植物のところに移してしまったのです。

アゲハさん、ごめんなさいね。

## 第３章

# 秋の花を慈しむ

リンドウは山野に自生。花は鐘状

# オシロイバナ

## 黄色い花の遠い思い出

学名：*Mirabillis jalapa*
オシロイバナ科オシロイバナ属
花ことば：私は恋を疑う、小心

いつの間にか、風に秋を感じる季節になりました。さて「夜咲く花」の登場です。昨年の今ごろ、私は夕方から開き始める花を集めていました。ゲッカビジン、ツキミソウ、ヨルガオ……。そのなかにオシロイバナ（白粉花）がありました。

原産地はメキシコ。日本にやってきたのは江戸時代です。日当たりと水はけがよい場所に植えれば、あまり手入れをしなくてもよく育ちます。冬の寒さで上部が枯れても根が残り、翌年また芽が出て、半野生化するほど繁殖力旺盛です。黒くて大きな種をつぶすと白い粉状のものが出てきます。それが白粉に似ていて、この名がつきました。午後4時くらいから花が開くので英名は「フォー・オクロック」といいます。

私が幼稚園のころだったか、銭湯に通った時期がありました。風呂道具と下着やタオルを入れた洗面器を風呂敷で包み、サンダルをはいて母と自宅を出るのは4時過ぎ。そのとき、庭で開き始めるのが濃いピンクのオシロイバナで、「いってらっしゃい」と私を見送ってくれるようでした。

富士山と松原を描いたペンキ絵を見ながら湯船につかり、風呂あがりにフルーツ牛乳を飲むのが最高の幸せでした。昭和40年代の銭湯はとてもにぎやかで、子ども連れの若いお母さんたちがたくさんいて、友達の輪ができました。母親たちが仲良くても、子ども同士も仲良くなるわけではありません。私もおとなしい少女でしたし、相手が少年ならなおさら。彼が照れくさそうに下を向いている姿をよく覚えています。

自宅に帰る途中、彼の家には黄色のオシロイバナが咲いていました。「わが家にはない色。欲しいなあ」と思いながら、ひと言も話せずじまいでした。今でもちょっと悔やまれます。時は流れ、街で彼に出会ってもおたがいわからないし、後に改築した彼の家にオシロイバナは咲いていませんでした。夢を見ていたような遠い思い出です。

近年はレモンと白の花色もあるオシロイバナ

水上に開く青と紫の大輪

# 熱帯スイレン

学名：*Nymphaea spp.*
スイレン科スイレン属
花ことば：スイレン＝心の純潔、清純、信仰

古代から人を夢中にさせる花にスイレンがあります。花が夕方に閉じる（睡る）ところから漢名は「睡蓮」といい、英名は花がユリのように美しいので、ウォーター・リリー（水のユリ）といいます。

スイレン科スイレン属の水生多年草で、属名のニンフェアはギリシャ・ローマの「ニンフ」（海、川、泉、森などにすむ少女の姿をした妖精）のような花、という意味です。

古代エジプトの装飾にも多用されました。エジプトの地と生き物に命を与えるナイル川で一般的な花だったことから、生産力や多産に結びつけられ、復活のシンボルにもなりました。花はミイラの上に載せられ、葬式にも使われていたそうです。「ナイルの花嫁」という英名もあります。その花の色は青と白で、青が多いといわれています。

さて、日本の池で咲くスイレンの花を思い浮かべてください。青い花の色はありません

よね？　日本で咲くのは温帯スイレンで、花が水面に浮かんで咲きます。一方、エジプトのそれは熱帯スイレンで、花茎が水面より十数cm立ち上がって大きな花を咲かせます。最大の魅力はやはり温帯スイレンにはない青や紫の花色です。アフリカから熱帯アジアが原産地ですから耐寒性がなく、水温が15度を下回ると生育が衰えます。

水戸市植物公園では冬は温室で休眠させ、初夏になったら屋外の池で育て、夏に咲かせています。緑陰広場の池のなか、淡いブルーの熱帯スイレンが今、美しく咲いています。花の時期は9月いっぱいといったところです。

この花の美しさを写真に撮って残したり、フランスの画家モネの気分で描いてみたりしてはいかがでしょうか。

夕方に花を閉じるスイレン

収穫シーンに名作の記憶

# ワタ

学名：*Gossypium*
アオイ科ワタ属
花ことば：有用な、繊細

高校3年のとき、英語の試験で「Gone With the Wind」を和訳する問題がありました。「風とともに行った」。いえいえ、やはり「風と共に去りぬ」です。マーガレット・ミッチェル原作の映画史に残る不朽の名作です。ヒロインは綿花栽培で成功した大農園主の娘、美人で激しい気性のスカーレット・オハラ。ビビアン・リーが演じました。

忘れられないシーンがあります。オレンジ色に染まった夕日をバックに土を握りしめ、「どんな困難にあっても私は負けない。家族を守り抜く」。彼女の強さは美しく、感動しました。また「こんなこともするんだ」とうれしかったのは、綿畑での作業のシーンでした。

ワタ（綿）はアオイ科で、世界の熱帯、亜熱帯に約40種類が分布しています。暖かいところが故郷ですから、種をまくなら5月10日、「コットンの日」前後がおすすめです。7月からオクラの花に似た美しい黄色の花が咲きます。短命な花で、桃色に色づいて1日でしぼみます。８月末には果実がふくらみ、割れると、なかから白いワタが顔を出します。

子どもたちにワタの花や実（コットンボールと呼ばれます）を見せてあげたくて、数年前から水戸市植物公園の小さな畑で栽培を始めました。数多い品種のなかで選んだのは日本古来の和綿「真岡木綿」。細くて繊細なワタは上質で、江戸時代の大奥で最高の評価を受け、全国でも有名だったそうです。コットンボールからワタがあふれ出たら収穫です。

ワタの花は短命で１日でしぼむ

秋の深まりとともにその作業も終わりを迎えるのですが、ワタ畑にいるとふと映画のラストシーンを思い出します。悲しみに打ちひしがれ、「これから私はどうしたらいいの」と絶望のなか、スカーレットの最後の言葉は「Tomorrow is another day」。「明日は明日の風が吹く」などと訳されますが、私には「いいや、明日考えよう。今クヨクヨしても仕方ないし」がシックリきます。気持ちを切り替える術として心に刻んでいるんです。

# 生薬、染料、ハーブティーなどに
# チョウマメ

学名：*Clitoria ternatea*
マメ科チョウマメ属

「この花きれいね。見たことないけれどなにかしら」。そう言われるのは、水戸市植物公園に入ってすぐ渡る橋の両側に咲く、蔓性植物のチョウマメ（蝶豆）です。バラといっしょに植えたおかげで肥料が多めになり、日当たりも抜群なので蔓がよく伸び、予想以上に花がたくさん咲きました。

東南アジア原産の多年草ですが、寒さに弱いので日本では一年草扱いされます。マメ科チョウマメ属で、英名も「バタフライ・ピー（butterfly pea）」。チョウの豆です。江戸時代に渡来してきたそうです。

数年前、岐阜県各務原(かかみがはら)市にある「内藤記念くすり博物館」を訪ねたとき、温室で苗を見つけました。「あ、チョウマメ。薬草だったんですね」と思わず声をあげてしまいました。豆果が下剤になるそうです。群青色の花は青色の染料に、インゲンのようなさやは若くてやわらかければ食べられるそうです。私は群青色の花が大好きなので、観賞用に種を分けてもらいました。

いただいた花の色は青と白でした。チョウのように見える花は大きいほうの花びらを旗弁（きべん）、上部にある小さなほうを竜骨弁といいます。

チョウマメの花は群青色で染料に用いられる

ところで群青色の花ですが、乾燥させるとブルーが美しいハーブティーとして楽しめます。それにレモンやライムを入れると、ブルーのお茶が紫に変わります。花に含まれるアントシアニン色素が酸に反応するからです。タイではアンチエイジングに効くハーブティーとして有名です。目によいことは知られていますが、タイではシャンプーにも利用されているそうです。

そうそう、タイのハーブティーは「アンチャン」と呼ばれているんですって。チョウマメのことのようですが、「アンチャン」が女性の美容と健康にいいなんて、とおもしろがるのは日本だけですね。

# ミョウガ

## 収穫は愛らしい花が咲く前に

学名：*Zingiber mioga*
ショウガ科ショウガ属
花ことば：忍耐

朝夕の風に秋の気配を感じるようになりました。そろそろ夏の疲れが出てくるころ。もし元気がなかったら薬膳料理を召しあがってみませんか。

薬膳とは中国伝統医学の理論に基づいて調理された料理であることはご存じですよね。水戸市植物公園では、水戸市と養命酒製造が協働事業の締結をしたのをきっかけに、園内の喫茶店で土日限定の薬膳料理を始めました。

東京から薬膳料理のプロ、植木もも子先生をお呼びしてスタッフが猛特訓を受けたのが薬膳カレーです。タマネギを20分以上じっくり炒め、クミンやターメリックなどのスパイス、地元野菜を豊富に使った本格カレーです。「今日は50点！」。最初は先生から厳しいことばをいただきました。でも試行錯誤を繰り返した結果、おいしいカレーが完成しました。消化がよく、食後はおなかがスッキリします。毎週末、食べ続けたおかげなのか、私、元気なんですよね。でも、ある週末、たまには和風料理をつくって食べようと考えました。庭でミョウガ（茗荷）が顔を出していることを思い出したんです。

ミョウガはショウガ科ショウガ属の多年草。アジア原産で古代に日本に渡来し、野生化したそうです。春に強い日光が当たらない半日陰に苗を植え、梅雨明け後にワラなどで株元を覆い、夏から秋につぼみが出たらつけ根から切り収穫します。花は一日花で愛らしいのですが、収穫は花が咲く前なんですよね。

一日花で愛らしいミョウガの花

大好きなカツオにニンニクはもちろんミョウガやシソも薬味に添え、冷たいビールをグビッ。飲みすぎると身体が冷えますよね。だから、トウガン（冬瓜）とシイタケに、身体を温めるショウガも入れたスープもつくっておきます。

体に優しく、料理のうまさを引き立てるミョウガ。この名脇役を生かす料理を考え始めると、なんとも楽しくなります。

# ヘクソカズラ

## 葉の強烈な臭いにご注意

学名：*Paederia scandens*
アカネ科ヤイトバナ属
花ことば：人嫌い

江戸時代、8代将軍徳川吉宗の命でサクラの苗木が1200本余りも植えられ、花見の名所となったのが飛鳥山公園（東京都北区）です。子どものころ、そんな歴史も知らず、遊びまわっていた場所です。

夕日のなか、富士山が遠くに見え始めると園内の外灯がともり、その周囲をコウモリが数匹飛び始めると、ちょっと怖くなって、われに返ります。「早く帰らないと！」。慌てて家に向かいます。走りながら目についたのが、飛鳥山の土手で咲いていた小さなラッパ形の花。白っぽい花の中央部は、紅紫に染まって愛らしく、葉はハート形の蔓性植物でした。「あっ、かわいい。見たことない。大発見かも」。思わず手を伸ばして触れたら、何やら怪しい香りが……。当時の東京は野良犬が多かったから、あれをまちがって踏んじゃったかな、と思いつつ、ふたたび走り出しました。

ヘクソカズラは蔓性多年草

家に戻って図鑑で花の名前を調べて納得。正体はヘクソカズラでした。花は主に夏に咲きます。東アジアに分布するアカネ科ヤイトバナ属で、至るところに生えます。
でも花をアップで見ると、とっても愛らしいんですよ。だから「早乙女花（さおとめばな）」ともいわれます。「屁糞葛」なんて、こんなに気の毒な名前はほかにないですよね。かわいそう。

花が終わると、秋には果実があめ色に熟します。これが昔からしもやけの薬として使われたとか。野外で虫にさされたとき、ヘクソカズラの葉をもんで汁をつけると効果的な薬草でもあるそうです。でも臭いが強烈であることは忘れずに。ちなみに花ことばは、その臭いで人を寄せつけないから「人嫌い」。

そろそろ果実が熟すころ。市販のハンドクリームとともに、試してみようと思っています。

## 見かけを裏切る苦み

# センブリ

学名：*Swertia japonica*
リンドウ科センブリ属
花ことば：義侠の愛

高校時代、体育の先生が大きなヤカンで煎じた飲み物をごちそうしてくださいました。ひと口飲んだとたん、しかめっ面をして思わず「にが〜いっ」。その正体は、薬草のセンブリ（千振）。リンドウ科センブリ属で、胃の薬として食欲不振や消化不良のときに利用しますが、胃潰瘍（かいよう）には適さないそうです。名前の由来は、熱湯などで成分を溶かし出す「振り出し」という工程を千回繰り返してもまだ苦いのでセンブリというのだそうです。

民間薬として有名です。でも徳川光圀公の命で刊行された医学書『救民妙薬』には紹介されていません。不思議です。あまりにも一般的な薬草だったからでしょうか。

学生時代、筑波大学農林技術センター内にある日当たりのよい松林に入ったことがあります。秋に紅紫色の花が咲くヤマラッキョウとともに、白地に筋が入る星形の花がかわいらしいセンブリを発見しました。「これは春に発芽して2年目の秋に花が咲くんだよ」と、技官さんに教わりました。

　栽培はむずかしいです。ちょっと湿っぽくて明るい場所で、優しい風が通るような環境が最適でしょう。種が自然にこぼれて発芽できる環境をつくることができれば、理想的ですね。なお根が直根性で移植に弱いので、苗を植えるときはくれぐれも根を傷めないようご注意を。

センブリの花形は星形。裂片に条が入る

　先日、同級生たちと久々に筑波大学構内を見学しました。私がシュンランやクサボケを探しに歩き回った松林は陰樹の若木が茂り始め、植物相がさま変わりしていました。あのとき見つけたセンブリには会えないでしょう。花との出会いも一期一会なのかもしれません。

　幸い、近所の花屋で苗があったので二鉢購入しました。わが家で適した栽培環境を探して毎年種をまくより、植物公園に植えることにします。いつの日か木々の下でセンブリの花が咲く日を夢見て。

# 薬用、染料用、食用に

# アイ

学名：*Persicaria tinctoria* (*Polygonum tinctorium*)
タデ科イヌタデ属
花ことば：美しい装い

「江戸時代の薬草」をキーワードに、東京の小石川後楽園、幕末の藩校・弘道館、そして水戸市植物公園の3施設が、「江戸と水戸」を結ぶ合同イベントを1日から始めました。3施設を巡れば非売品の手ぬぐいやクリアファイルなどのグッズが当たるスタンプラリーを開催。江戸から何人の方が水戸にいらしてくださるか楽しみです。

まず弘道館に水戸市植物公園で栽培した薬草を展示しました。幕末に薬草園があったことを考えると、弘道館に薬草が存在するのは何年ぶりのことでしょうか。秋は花咲く種類が少ないので、少しでもはなやぐようにと、黒の光沢ある器に赤い花が楚々（そそ）と咲くアイ（藍）を選びました。

アイは藍染めの材料として有名なタデ科イヌタデ属の薬草で、生薬名は藍葉（らんよう）です。中国またはインドシナ半島が原産で、古く中国から渡来したといわれます。現在は徳島県で多く生産されています。栽培は簡単。日当たりのよい場所を選び腐葉土をよく混ぜて苗を植えます。こぼれた種が毎年、自然に発芽して花が楽しめます。

乾燥した藍葉を約１００日かけて発酵させた土塊状ものを「すくも」といいます。江戸時代、アイの商人が長州を訪ね、ひと握りのすくもと交換にフグ料理をごちそうになったエピソードがあります。水戸２代藩主・徳川光圀の命で刊行した家庭の医学書『救民妙薬』にはフグの毒に当たったさいの処方にアイが使われています。江戸時代、アイはフグ中毒の薬として有名だったのかもしれませんね。

生葉の搾り汁は虫さされに効くそうですし、徳島県ではハーブとして、食用にも利用しています。

このイベントでは、江戸時代の藩主や医者が人々を救おうと一生懸命だった思いが、アイなどの薬草を通じてみなさんの心に届くことを願っています。

藍染めの材料として知られるアイ

## さりげなく咲く姿も魅力的

# コスモス

学名：*Cosmos bipinnatus*
キク科コスモス属
花ことば：乙女の真心、調和、野生美、善行

さて問題です。日本の秋を代表する花になりつつあるコスモスですが、原産地はどこ？答えは中米・メキシコです。キク科コスモス属で、江戸時代に渡来しました。短日植物なので日が短くなる秋に花が咲き、和名をアキザクラ（秋桜）といいます。一面に咲き乱れるさまもいいですが、私は道端でさりげなく咲く姿が好きです。

まつわる思い出があるんです。

20代前半のころ、長野県に住む友人の結婚式に出席することになりました。ついでに一人で温泉に行こうと思い、奥蓼科(おくたてしな)温泉郷の「渋(しぶ)・辰野館」という老舗(しにせ)旅館を訪ねました。インターネットのない時代で温泉ブームの前でしたから、情報は日本交通公社のガイドブック『全国温泉案内1800湯』から。写真は掲載されていませんでした。なぜここを選んだのかは思い出せません。ちなみに旅館名の「渋」とは湯の花のことだそうです。

茅野（ちの）駅から最終バスに乗って終点をめざしました。進めば進むほど山は暗く深くなり、「このバスで本当にいいのよね」と心のなかで何度つぶやいたことでしょう。

1時間ほどでようやく到着。真っ暗な森のなかにドーンと館が現れたときは度肝を抜かれました。平日のせいか客は少なく、体育館みたいに広い食堂で一人ぽつんと食事。ですがヤマブドウの甘い食前酒がうれしかった。自慢の薬湯は木のお風呂でした。翌日早起きして周囲を散策するとヤマブドウが樹木に絡み、赤紫の実が実っていました。

「これがゆうべのお酒になったのね」とつぶやいたとき、目が合ったのが道端に咲くコスモスでした。風に優しく揺れる花に、思わずニコッとなったことを覚えています。タイマーで一人旅の記念撮影をして旅館を立つと、帰りのバスの車窓から道沿いに咲くコスモスが見送ってくれるように見えました。

あれから30年以上の時が流れました。今も道端で咲き、旅人の心を癒やしているのかなあ。

コスモスの和名はアキザクラ

## 土手を真っ赤に染めて輝いて

# ヒガンバナ

学名：*Lycoris radiata*
ヒガンバナ科ヒガンバナ属
花ことば：悲しい思い出

京都の庭園が大好きで、ときどきフラッと出かけます。かならず寄るのが大原です。ひやっとした空気を感じながら渓流のせせらぎをBGMに坂道を上ると、うっそうとした森のなかにその庭園はあります。20年ほど前、ひと気のない時間に訪ねてみたくなったことがあります。

三千院の近くのお寺に泊まりがけで行きました。母と二人、夕食をすませて寺の宿房に到着。部屋に入ると、なんだか人の気配を感じない。そう、宿泊者は私たち親子だけなのでした。もちろんテレビもありません。はっきり言えば、怖かった。たしか近くにかなり昔のお墓があり、よろいかぶとを身につけた武将たちが現れるのではないかとドキドキ。トイレも二人で出かけるほどでした。

でも怖い夜が過ぎれば、さわやかな朝が待っていました。光や空気、虫の音や川のせせ

マンジュシャゲとも呼ばれるヒガンバナ

らぎ……。そのすべてが庭と一体に感じられ、美しくぜいたくなときを過ごせました。朝のお勤め、法話をうかがった後、いただいた朝食の精進料理がなんとおいしかったことか。ちょっと疲れてバスに乗り、車窓から見えたのは、田んぼの土手を真っ赤に染めるヒガンバナ（彼岸花）。そのときの私には、真っ赤な宝石のように輝いて咲く花に見えました。

水戸市植物公園の池の縁で満開に咲くヒガンバナの群落を見て、京都を思い出しています。お彼岸のころに咲くヒガンバナは種ではなく、球根でどんどん増えます。この球根には、リコリンという有毒成分が含まれ、ネズミやモグラよけになるので、田んぼや墓地の近くなどに植えられてきたのです。リコリンは水に溶けるため、水にさらして毒抜きをすれば、少量のデンプンがとれて、飢饉（ききん）のときは貴重な食用としても役にたったといいます。

今は観賞目的で植えられるヒガンバナですが、いにしえの人たちにとっては、生活に役だつありがたい花だったのです。

# クズ

## 水戸藩の二日酔いの薬としても

学名：*Pueraria labata*
マメ科クズ属
花ことば：活力、芯の強さ、治癒、根気、努力

信号待ちのとき、ふと雑草が生い茂るやぶを見たら、長く伸びた蔓の先に赤紫色の花が咲いていました。クズ（葛）の花です。マメ科クズ属で秋の七草の一つ。古くから、なじみ深い植物です。

地下にある根は肥大して長芋状の塊根になり、クズ粉や漢方薬の材料として利用されます。「クズの根でクズ粉をつくってみたいですね」とボランティアさんに話したら、建設用重機で頑丈な根を掘り上げてくださった方がいました。

一方、チョウに似た形の花は赤紫色で、中央部分が黄色のめだつ花です。やぶのなかに花が隠れても虫が気づいてくれるでしょう。この花でお酒をつくろうと、ある夏の終わり、近所の土手に出かけ、クズの花を袋いっぱいに採集しました。

美しい花の部分だけを集めるため、萼（がく）や傷んだ部分を取り除いていると、小さな虫がつ

ぎつぎ登場します。「わぁ！」と悲鳴をあげてしまいましたが、花からほのかに優しい香りがしたので、ちょっと幸せな気分になりました。集めた花は水洗いしないで、保存瓶に入れます。花と同じ量の砂糖を加え、花が隠れるまでホワイトリカーを加えればクズの花酒ができあがり。数か月後に飲めるでしょう。

徳川光圀の命で発行された家庭の医学書『救民妙薬』には、酒毒（二日酔い）の薬に乾燥したクズの花が使われていますが、花酒にするとどんな効能があるのでしょう。

そんなクズの話をはじめ、水戸藩にまつわる薬草について学ぶ「秋は薬草を楽しもう♪」が水戸市植物公園で始まります。最終日には薬草園を巡る催しがあります。

クズは秋の七草の一つとしてなじみ深い

## 英名はジャパニーズイエローセージ

# キバナアキギリ

学名：*Salvia nipponica*
シソ科サルビア（アキギリ）属
花ことば：はなやかな青春

真っ赤な花が定番のサルビアはブラジルが原産ですが、日本固有の仲間もあります。学名「サルビア・ニッポニカ」というキバナアキギリ（黄花秋桐）です。

黄色い花に桐のような葉っぱ。茨城にも自生地があります。林の縁などやや湿気が多く木漏れ日が当たる明るい場所で黄色の花が群落で咲きます。優しい日ざしを受けて咲く姿は美しいです。

3年ほど前、福井県でサルビアの話をしてほしい、と言われて伺ったことがあります。喜んで出かけたわけは、この地域には、やはり日本のサルビア「アキギリ」とキバナアキギリが自然に交配した珍しい花色のサルビアがある、と聞いていたからです。

私が会いたかったサルビアたちは、現地では単なる野草として扱われていました。講演会に参加した男性は「え？　毎年、刈り払い機で刈ってるよ」とのこと。園芸でいえば、開花前に先端の芽を摘む摘心作業にあたり、枝数が増えて花が多く咲くことになります。野草扱いは、結果としてはよいのですが……。

講演会終了後、植物園仲間に案内され自生地に向かいました。深い森のなか、じわっと水が浸み出る明るい傾斜地にひっそり咲いているではないですか。それも白、紫、黄、桃などの花色が、上部といわず下部といわず、不規則な模様で入っていました。

キバナアキギリは湿っぽく明るい日陰に自生

「すごいなあ」と思わず喜びの声をあげてしまいました。受粉を手助けするハチも飛んでいました。蜜を求めて花から花へと移るおかげで、変化に富んだ花色が生まれたのでしょうか。できることなら詳しく調査してみたいものです。

植物公園では数年前に片方にアキギリ、もう一方にキバナアキギリを列植してみました。すると桃色と黄色が混ざった珍しい花が一昨年から咲き始めました。これもハチのおかげかしら。ぜひ日本のサルビアたちにも注目してくださいね。

## 花壇の主役として穂状の花々が満開

# イエローマジェスティ

学名：*Salvia madrensis 'Yellow Majesty'*
シソ科サルビア（アキギリ）属

水戸市植物公園が開園10周年を迎えた1997（平成9）年の記念イベントで、来賓にサルビアのイエローマジェスティの苗を配りました。四角い茎に黄色い花が穂状に咲く姿は、サルビアに思えないと驚かれました。20周年のときは、芝生を100㎡ほどはいで、ボランティアや入園者の方と数種類のサルビアを使ったはなやかな花壇をつくりました。そのときの主役の花もイエローマジェスティでした。

イベントの3か月くらい前にNHK「趣味の園芸」でサルビア花壇の撮影に来ることが決まり、慌てました。日が短くなってから咲く短日植物なので、撮影のときに花が咲いているかしら、と。そこで夕方になると早めにカバーをして暗くし、翌朝カーテンを開ける開花調節を行って、早めに咲かせました。

ほっとしたのもつかの間、撮影の前日に嵐がやってきました。草丈1m近くあるサルビアですから、もちろんバタバタ倒れてしまいました。でも、こんなときこそ、思わぬパワーを発揮できるようです。新しい用土を入れ、残りの苗でなんとか花壇をつくり直しました。渋谷からＮＨＫスタッフが到着したときには、何事もなかったように美しいサルビア花壇が完成。番組収録のとき、私の目の下にはクマができていたかもしれません。

放送後、サルビア花壇を見に多くのお客さまが来てくださいました。それ以後、大規模に花壇をつくる気にならなかったのですが、開花調節は恒例になりました。早く咲くし、いっせいにつぼみが花開くので豪華に見え、フラワーショーにはピッタリです。

短日植物のイエローマジェスティ

今年はイエローマジェスティを園内花壇や緑陰広場にまとめて展示しています。「サルビアはどこに展示してあるのですか？」と尋ねられることがあるのです。いまだにサルビアだと知らない人が多いのです。

思い入れが強いぶん、多くの人に見に来ていただければ、単純にうれしくもなります。

# ケイトウ

## 花の色でデザインを鮮明に表現

学名：*Celosia argentea*
ヒユ科ケイトウ属
花ことば：奇妙、色あせぬ恋、おしゃれ、博愛

秋は花のイベントが目白押し。水戸市植物公園でも「花壇フェア」を開催します。新しい試みとして、今年、開園110年を迎えた日比谷公園で昭和初期につくられた花壇を再現してみました。日本の花壇は日比谷公園から始まったといっても過言ではないからです。お披露目するのは、1931（昭和6）年に日比谷公園で開催された第2回花壇展覧会で、公園花壇主任の富本光郎氏が設計した「毛氈(もうせん)花壇」。36年に発行された『図説 花壇と花』に、彼の花壇設計図が多数掲載されているのを参考にしました。

原図は春花壇なので、植物公園のスタッフが工夫して秋の草花に変え、設置場所に合わせデザインも多少変えました。草花の色ではっきりした模様を表現してみました。シンプルなデザインですがなんとも上品。赤と黄色のアキランサスで唐草模様を表し、中央部はハート形に植えられた真っ赤な羽毛ケイトウが輝いています。花壇を手がけて約30年にな

りますが、駆け出しのころから秋花壇で使っていたのが、羽毛ケイトウです。

ケイトウは原産地が熱帯地方で霜が降りたら終わる一年草。奈良時代に中国から渡来したそうです。茎の頂部がニワトリのとさか状になるので「鶏頭（けいとう）」といい、これはトサカケイトウをさします。私が好んで使うのは羽毛ケイトウで、炎のような形です。花が上部に密植するので、花の色でデザインが鮮明に表現できます。春に比べちょっと寂しげな秋花壇を、ケイトウの赤、黄、桃色の花がはなやかにしてくれます。水切れに弱く、植えたらすぐに水をかけるのがこつなのです。

長い間、花の色と形を楽しめる羽毛ケイトウ

最近は多種類の草花を寄せ植えするイングリッシュガーデンを手がけることが多いのですが、同じ花壇でこうも趣が違うのか、と改めて思います。羽毛ケイトウは、私が忘れかけていた昭和の懐かしい花壇をフッと思い出させてくれました。

## 現代版の秋の七草にどう？

# ワレモコウ

学名：*Sanguisorba officinalis*
バラ科ワレモコウ属
花ことば：移りゆく日々、愛慕、変化

ハギ、ススキ、クズ、ナデシコ、オミナエシ、フジバカマ、キキョウ。いわずと知れた「秋の七草」です。万葉集に詠まれた秋の花ですから、奈良時代には野山でたくさん咲いていたのでしょう。では今なら、秋の七草にふさわしい花はなんでしょうか？　そんな授業が学生時代にありました。先生といっしょに筑波大学の構内を散策し、秋の花を探して選んだ花を紹介しましょう。

まずはヤマハギとオミナエシ。時が流れても美しい花は、はずせません。今はオミナエシの自生地が減少していると聞きますが、あのころは身近に咲いていたんですね。そのほか、日当たりのよい土手に咲いていたイタドリ、道端に咲くタヌキマメやツルボ、補欠がナンバンギセルといったところでしょうか。

そして私がもっとも推薦したいと思った花は、なんといってもワレモコウ（吾亦紅）でした。茎の先に桑の実のような楕円形の、黒ずんだ赤い花がたくさんつきます。花をよく見ると、2㎜ほどの小さな花が集まってできています。花びらはなく、花びらに見えるのは4枚の萼（がく）です。萼には長く色が残るので、秋遅くまで観賞することができるのです。

そして意外におもしろいのが葉です。若い葉をもんでその香りを嗅ぐと、スイカのように感じます。それがおもしろくて、ワレモコウを見るたび、ちょっと葉を失敬して香りを楽しんでいます。

ワレモコウは茎の先に長楕円形の花をつける

薬草としても有名で、秋に根茎を掘って利用します。下痢、止血、やけどなどに効果があるといわれています。派手さはありませんが個性的な花。秋の野を渡る風のなかで揺れる姿に、なんともいえない魅力を感じます。

水戸市植物公園では、樹木園でフジバカマの園芸種サワフジバカマとともに、ワレモコウが満開を迎えています。間もなくホトトギスやキイジョウロウホトトギスも咲くでしょう。

## ススキ原で摘んだ花束をプレゼント

# ナンバンギセル

学名：*Aeginetia indica*
ハマウツボ科ナンバンギセル属
花ことば：もの思い

学生時代、一度も見たことがないのにあこがれていた植物がありました。ナンバンギセルです。日本を含むアジアに生育するハマウツボ科ナンバンギセル属の寄生植物です。秋になると、いきなり生えてくるように見えますが、地中に埋没している短い茎に葉緑素のない小さな葉を数枚つけて、イネ科などの植物の根から養分を吸い取って成長しています。

草丈10～20㎝で、赤紫色の花がやや下向きに咲きます。その姿が西洋人のマドロスパイプに似ていたので「南蛮煙管（なんばんぎせる）」の名がつきました。

『万葉集』に「おもひぐさ（思い草）」の名で登場するのがナンバンギセルといわれます。

《道の辺の尾花が下の思ひ草　今さらさらに何をか思はむ》

ススキの下に咲く思い草のように私はあなた一人を頼りにしています。今さらなにをくよくよすることがありましょうか。

浪漫チックな思い草ですが、私があこがれた本当の理由は違います。今年8月に創刊60周年を迎えた少女漫画雑誌「りぼん」の20周年のとき、特別企画で陸奥A子さんの「黄色いりぼんの花束にして」が掲載されました。主人公の女の子が、あこがれの彼に思い草をプレゼントしてハッピーエンドを迎えたので、それにあやかろうと思ったのです。

「高層気象台付近のススキ原に行くと見られるよ」。サークルの先輩が教えてくれ、当時のつくば市内ならどこからでも見える気象観測用の鉄塔をめざして、自転車で向かいました。つきあってくれた彼に思い草の花束をプレゼントしましたが、私の場合は残念な結果でした。鉄塔は2010年度に撤去されました。開発も進み、あの場所に行く道すら思い出すことができません。

ミョウガにも寄生するナンバンギセル

今でも鮮明に覚えているのは、青空をバックに風に揺れる一面のススキと、うれしそうに笑っている私。そんなセンチメンタルな気持ちになるのは、秋がやってきたからでしょうか。

もっとも古くから栽培された果樹の一つ

# ザクロ

学名：*Punica granatum*
ミソハギ（ザクロ）科ザクロ属
花ことば：愚かしさ、成熟した優美

外で遊ぶ子どもの姿をめっきり見かけなくなりましたが、私が生まれ育った昭和40年代の東京・下町では、公園と家の前の道路が遊び場でした。

「車が危ないから道路はだめ」と注意されてもやめませんでしたね。白くてやわらかい蠟石(ろうせき)があれば何時間も遊べました。路面に花の絵をいっぱい描きました。丸い輪を描いて、なかに石を投げ入れ、片足跳びをする「けんけんぱ」も大好きでした。

近所の子どもたちが大勢集まれば、缶蹴りや、高いところにいれば鬼に捕まらない高鬼が定番でした。「おまめ（地域によってはおみそ、ままこ）」という年下の子どもは鬼にならない「優遇制度」があったのも懐かしい思い出です。

だれかの家からカレーの匂いが漂うような夕暮れどき。遊び終了の合図となる街灯の裸電球がパッと点灯し、近くのザクロ（柘榴）の木を浮かび上がらせたのでした。

ミソハギ科（もしくはザクロ科）ザクロ属の落葉性樹木。日本には平安時代にシルクロードを経由して中国から伝わったそうです。果実は、お産と育児の神である鬼子母神に奉納する風習が残っているところもあります。

ザクロは人類の歴史のなかで、もっとも古くから栽培された果樹の一つで、果実や根、樹皮は薬としても利用される貴重な薬用植物です。日当たりのよい酸性土壌で栽培し、花芽は前年の夏につくので春に伸びた枝の先端を切り落とさないよう注意します。

ザクロの果実は直径6～10㎝の球形

子どものころ、あの朱色の花は好きではありませんでした。花に気がつくときが、遊び足らないのに帰宅しなければならない時間だったからでしょう。

最近、花屋で小さなヒメザクロの苗木を買いました。花を見ていると、夕暮れどきのちょっと寂しいシーンが、今も鮮明に浮かんでくるのです。

# 目にも舌にも味わい深く

# キク

学名：*Chrysanthemum × morifolium*
キク科クリサンセマム属
花ことば：逆境の克服、困難、高尚、高貴、高潔

本格的な冬が来る前、一年のフィナーレを飾る主役といえば「キク」でしょう。全国で菊花展が開催され、春のサクラにたいしてキクは、日本を代表する秋のイベントの花といえます。

ところでみなさんは「団子坂の菊人形」をご存じですか。明治9（1876）年、東京の団子坂で、初めて木戸銭をとって菊人形を見せたのが大評判になりました。全盛期は、人が波となって押し寄せるほどの大にぎわい。夏目漱石の小説「三四郎」にも、人でごった返す様子が描かれていますから、人気の高さがうかがえます。

さて、キクの美しさをめでる方が多いなか、私は観賞するより食卓に季節の彩りを添えてくれるキクがとても好きなのです。

今から20年ほど前、英国王立園芸協会の植物園「ウィズレーガーデン」の技術者が水戸

市植物公園に見えました。茨城の自然も堪能してもらおうと筑波山を案内し、郷土料理が自慢の隠れ家のような店で昼食をとりました。

まず前菜で酢の物が出ました。「これはクリサンセマム（キクのこと）ですよ」と、たどたどしい英語で説明すると、「えっ、これが？　キクの担当者がビックリするよ」。つぎに出た炒り物は「オスマンダ・ジャポニカ（ゼンマイの学名）です」と紹介したらもっと驚き、大きな目を丸くして、ことばがありませんでした。英国人にとってオスマンダといえば、洋ランの植え込み材料で使うくらいしか思い浮かばないのかもしれません。日本人はなんでも食べるんだな、とビックリしたのでしょうね。

キクは日本の秋を彩る花の代表

あれから私は、好んでキクの酢の物をつくるようになりました。沸騰したお湯にちょっと酢を入れ、ほぐした花を２分ほどゆでます。黄色の花色は美しく残り、酢の物にして秋を感じながらいただいています。あのなんともいえない食感も大好きです。

# ツワブキ

## 名園で輝きを放つ多年草

学名：*Farfugium japonicum*
キク科ツワブキ属
花ことば：困難に負けない、謙譲、先見の明

今から10年ほど前の秋、富山県で講演を依頼された帰りに金沢に寄りました。日本三名園の一つである兼六園に行くことが目的でした。でも、せっかくの機会ですから宿で自転車を借り、市内の武家屋敷巡りをしました。そうしたらビックリ。こんなにもすばらしい庭があったのかと衝撃を受けたのが「武家屋敷跡野村家」の庭園でした。

代々奉行職を務めた加賀藩士の屋敷跡を公開しており、こぢんまりとした屋敷と、古木や雪見灯籠（とうろう）、石橋、ぬれ縁のすぐ下まで迫る曲水などが配された庭の調和がすばらしいのです。アメリカの庭園専門誌の日本庭園ランキングで２００３年に3位に選ばれるなど、海外でも高い評価を受けた名園だったことをのちに知り、納得しました。

大きくない庭なのに迫力がある構成で、ぬれた石にしっとりしたコケ、池のなかの赤や白のコイが泳ぐ姿も計算されているのか、すべてが優雅で上品に見える空間です。なかで

もひときわ輝いていたのがツワブキ（石蕗）の黄色の花でした。ツワブキは日本に自生する多年草で、主に海岸近くで見られます。半日陰でも育ち、日本庭園の下草によく利用されるおなじみの植物です。葉の表面はつややかな光沢がありますが、裏面や茎は茶色っぽい毛で覆われているのは海風などから本体を守るため、といわれます。

名前の由来は「つやのある蕗（ふき）」から「ツヤブキ」になり、やがてツワブキになったそうです。青葉には抗菌作用があって、民間薬としても利用されます。葉を火にあぶってやわらかくしたら細かく刻み、切り傷や湿疹などの外用にするそうです。

きゃらぶきとして食用にもする

思い返すと、名園のしっとりした空気のなかで咲いていたツワブキは、自信に満ちあふれなんともいえない輝きを放っていました。身近にありすぎて、その魅力を知らなかった私は申しわけなく思いました。そして気づかせてくれたことに大いに感謝したのでした。

## 香りを引き立たせる味の名脇役

# サフラン

学名：*Crocus sativus*
アヤメ科サフラン属
花ことば：歓喜、濫用するな

朝夕は肌寒く晩秋を感じるころになると、庭の片隅でひっそり咲くのが、アジアから地中海沿岸にかけてが原産のアヤメ科の植物サフランです。

草丈が15㎝ほどで小さめですが、松葉のような細い葉に、淡い紫の花が咲くと中心にある赤い３本の雌しべがめだちます。花とのコントラストが美しく、群落で咲くと、その場所だけ明るくはなやかに見えます。サフランとは、赤い雌しべを乾燥させたもののこと。花の名前は、この雌しべにちなんでつけられました。

婦人病の薬としても有名で、日本には江戸時代末期に漢方薬として入ってきました。陸軍軍医でもあった文豪・森鷗外は「名を聞いて人を知らぬと云(い)ふことが随分ある」から始まる作品「サフラン」で、サフランを薬として扱ってきたが、花として接したのは「半老人」になってから、とつづっています。

私にとってのサフランは、料理の貴重なパートナーです。魚介類などをのせて、スープでご飯を炊くパエリアの黄色はサフランで色をつけますが、ロールキャベツに入れても料理がさらに引き立ちます。ただしサフランは「世界一高い香辛料」といわれるだけに、マーケットで買うとけっこうお高いのです。一つの球根で3本の雌しべしかとれず、かがんで収穫する作業が重労働だからでしょう。

雌しべは料理で利用したいサフラン

だから私は自家製です。8月末に球根を植え、11月に花が咲いたら、雌しべが途中で切れないように注意しながらそっと抜き、ペーパーの上に置いて乾燥させます。でも、雌しべがなくなったサフランの花ほど、かわいそうなものはありません。アクセントがなくなり、地味になってしまうのですから。

気の毒なことをしたと思いつつも、おいしい料理をつくるためにはやむを得ません。1年分を収穫できたら少しずつ大切に使い、「来年もたくさん咲いてね」と、花後は忘れずにお礼肥(れいごえ)をあげるのです。

## いくつもの花が集まり、くす玉状に

# ネリネ

学名：*Nerine*
ヒガンバナ科ヒメヒガンバナ（ネリネ）属
花ことば：また会う日を楽しみに、忍耐、箱入り娘

「なんて美しい」。思わず感嘆の声をあげたくなるのが、晩秋に咲くネリネの花。オレンジ、サーモンピンク、白、くすんだ紫……。そして、これらの色が微妙に交ざった複色の花色は輝くよう。いくつもの花が集まり、直径15㎝ほどのくす玉状になるのです。

ネリネは南アフリカ原産の球根植物で、日当たりのよい場所で乾燥ぎみに育てるのがこつ。庭植えには向かず、鉢栽培がおすすめです。冬は球根が凍らない場所で管理します。こまめに植え替えをせず、球根をギュウギュウのきつめに鉢に収めたほうが花が咲きやすいといわれます。忙しい人向きかもしれませんね。

花を見ているとヒガンバナを思い出しますが、ヒガンバナは花が咲くとき、葉はありません。ネリネは花が咲くときに葉は出ています。性質も栽培方法も違います。

あるとき、クリスマスローズの栽培研究で活躍中の園芸家、横山直樹さんから「満開の

ネリネの花を見に来ませんか」と誘われました。「できれば午後2時くらいがいいかなあ」と時間指定。約束どおり温室に到着すると理由がわかりました。温室内に午後の日ざしがうまい具合に差し込んで、満開のネリネの花に当たっているのです。花がキラキラと輝いて見え、「ああ、これがダイヤモンドリリーのいわれなのね」とネリネの別名に納得しました。花がもっとも美しく見える時間を考えて、招待してくれたのです。

その後、「植物公園で展示して多くの方に見てもらってください」と、ご厚意で開花株を借り、果樹温室で期間限定の展示を行うようになりました。花が終わると、また横山さんの元に株を返却します。

光を浴びると花がキラキラ輝くネリネ

花が少なくなる11月にもっとも美しく輝いて咲くネリネ。もしタイムマシーンで戻れるなら、結婚式のブーケをネリネでつくりたかったなあ。花嫁もキラキラ輝いて見えるはずですから。

京の川床に秋を告げる

# シュウメイギク

学名：*Anemone hapenensis var. japonica*
キンポウゲ科イチリンソウ属
花ことば：薄れゆく愛

秋の訪れをいち早く告げる花にシュウメイギクがあります。秋にキクに似た明るい花が咲くから「秋明菊」です。

でもキク科ではなく、キンポウゲ科イチリンソウ属で、アネモネの仲間です。草丈は50～80㎝近くになり、白や桃のはなやかな花が咲きます。地下茎が長く伸びるので、3月に株分けをして、腐葉土をやや多めに入れた用土で植えれば、簡単に増やせます。半日陰でも育ちますが、日当たりがよいほうが花の数が多くなって豪華に咲きます。

学名に「日本の、日本産の」を意味する「japonica」がつくのですが、日本原産ではなく、中国から渡来したと考えられています。

幕末に日本を訪れ、『江戸と北京』の著書がある植物学者のロバート・フォーチュンが1844年の秋、中国の上海にある城壁近くの墓場で咲き乱れているアネモネを見つけ、その株をロンドンに送りました。これとタイワンシュウメイギクを交配し、生まれたのがシュウメイギクだそうです。

「貴船（きぶね）菊」と呼ばれることもあります。京都・北山の貴船の地で多く見られたことからついた名前です。貴船といえば鴨川の源流である貴船川が流れ、水の神として崇敬を集める貴船神社があり、夏は川床料理が有名な京の都の奥座敷です。京都で会議があったとき、料理屋さんに行ったことがあります。手を伸ばせば届きそうなくらい水面が近いお座敷で、せせらぎを聞きながら京料理をいただきました。

今年はもうシュウメイギクが咲いているのでしょうか。京都の秋といえば、大原にある三千院の周辺で、ひんやりした空気のなかで咲くシュウカイドウが私は好きですが、シュウメイギクの咲く神社仏閣も訪れてみたいですね。

アネモネの仲間のシュウメイギク

## たわわに実った光景に幸せ気分

# ミカン

学名：*Citrus unshiu*
ミカン科ミカン属
花ことば：親愛

「これプレゼントです」。つい先日、薬膳料理研究家の方に「陳皮（ちんぴ）」をいただきました。成熟したミカン（蜜柑）の皮を干したもので、漢方では胸のむかつき、せきの緩和、体が温まる浴湯料などに使う生薬として知られています。七味唐辛子にも入っていますよね。

そういえば、1回だけミカン狩りをしたことがあります。今から38年前の高校の修学旅行です。今なら海外旅行も珍しくありませんが、当時なら京都や奈良が定番だったかも。私の学校は旅行研究会顧問の先生が考えるんです。決まったのが「山陽・瀬戸内コース」のスペシャル版。東京から新幹線でまず広島へ。初日の宿泊先は瀬戸内海に位置する大久野島の国民休暇村です。島をめざして船に乗ると、暗い海に天の川のようにキラキラ輝くものが。たぶん夜光生物だと思いますが、とても幻想的。案の定、見とれた女の子が荷物を海に落としてしまい、みんながいっせいに「あ〜」。今でも鮮明によみがえってきます。

島に着くと、もう真っ暗。夕食を終えるとみんなおとなしく眠りにつきました。

翌朝、友人たちと散歩に出かけると洞穴がありました。生物の先生から「この島は第2次世界大戦前まで、毒ガスをつくっていたそうだ」と聞かされてビックリ。現在はウサギが多くて「ウサギ島」といわれるそうです。

乾燥したミカンの皮は浴湯料に

朝食後、船に乗って別の島へミカン狩りに向かうと、青い空に畑のオレンジ色がなんと映えたことか。たわわに実った光景になぜか平和を感じ、幸せな気分でミカンをいただきました。
一般的なミカンは温州ミカンで茨城県南より南で栽培されます。植物公園では鉢で栽培し、寒くなると温室で管理します。
そろそろ温室に入れようかどうか迷う時期になりました。小粒ながら、たわわに実った姿に、遠い日の、ちょっと変わった修学旅行を思い出す時期でもあるんです。

## 果実酒でせき止め効果を期待

# カリン

学名：*Cydonia sinensis*
(*Chaenomeles sinensis*)
バラ科カリン（ボケ）属
花ことば：努力、唯一の恋

植物公園では針葉樹の落羽松（らくうしょう）の葉が茶色く色づいています。午後の光にキラキラ輝いて、思わず写真を撮りたくなるほど美しい秋の景色です。まさに紅葉を楽しむ季節の到来ですね。

そして果実を楽しむ時期でもあります。たとえば、医学に関心が強かった徳川光圀が晩年を過ごした茨城県常陸太田市にある西山御殿（にしやまごてん）跡（西山荘（せいざんそう））にはカキノキやサンザシ、カリン（花梨、榠樝）が庭に植えられています。この3種類に共通していることは、なんだと思いますか？　それは中国原産で薬になる木である、ということです。

カキノキ科のカキノキは秋の果物の代表格ですよね。薬になる部分は「へた」で、乾燥させて煎じれば、速効性のしゃっくり止めになるとか。意外ですよね。バラ科のサンザシは初夏に白くて愛らしい花が咲き、秋になるとルビー色に熟します。これを乾燥させた生薬は「山査子（さんざし）」と呼ばれ、消化不良や胃の不調のときに用います。この実をホワイトリカーと氷砂糖で漬ければ、赤くておいしい果実酒ができあがります。

そして秋の庭を訪れて、もっとも存在感があるのがカリンです。バラ科の落葉高木で、栽培は簡単ですから日当たりのよい場所に庭木にしたり、盆栽にしたりして楽しみます。

初夏に咲く薄ピンクの花はかわいらしく、11月、黄色く熟す果実はごっつい感じがします。

ところでカリンといえば、せき止め効果を期待したカリン酒が有名です。光圀に関する逸話などを集めた『桃源遺事』には、江戸の藩邸に薬室を設けて薬や薬酒などをつくらせた記載があります。ひょっとしたら黄門さまもカリン酒を飲んでいたかもしれません。

なんて、いにしえに思いをはせながら、黄色く熟したカリンを使って果実酒づくりに励んでみてはいかがでしょうか。

花は観賞用、果実は薬酒に適している

# キイジョウロウホトトギス

下向きに咲く「山里の貴婦人」

学名：*Tricyrtis macranthopsis*　ユリ科ホトトギス属
花ことば：あなたの声が聞きたくて

秋のイベントに忙殺され、気がついたら自宅の庭は草だらけ。そんななかでも今が盛りと咲き誇る花を紹介します。

まずは中国原産のシュウメイギク。一重咲きの白花が大株になり、夏の終わりから美しく咲き続けています。サルビアの仲間で、茨城県に自生するキバナアキギリと、日本海側に自生するアキギリが庭で自然交雑した花も咲き始めました。色は桃、白、紫、まだら模様などバラエティーに富んでいます。

でも、もっとも輝いて見える花は、「山里の貴婦人」とも呼ばれるキイジョウロウホトトギスです。漢字だと「紀伊上臈杜鵑草」と書きます。「上臈」は身分の高い女官や貴婦人の意で、上品な花のイメージから名前がつきました。文字どおり紀伊半島の固有種で、湿った岩場や崖に自生し、環境省の絶滅危惧種にも指定されています。

ユリ科ホトトギス属で、長い釣鐘形で明るい黄色の花は、中心部に赤紫色の斑点模様がありります。そんな花がいくつも連なって咲き、下向きにしなだれる姿はなんともいえない風情（ふぜい）があります。秋の京都に出かけると、大原にある実光院をかならず訪ねます。山を借景とした庭に滝が流れ、その水しぶきを浴びて下向きに咲く「貴婦人」が忘れられないからです。

山野草店で苗を求め、自宅で育てるようになって10年以上たったでしょうか。「これだけは毎年植え替えないといけない」と、春には株分けをして新しい用土で植え替えています。植物公園にも植えましたが、日ざしが強すぎて葉が焼けてしまいました。

キイジョウロウホトトギスの花は釣鐘形

午前中に日が当たり、午後は半日陰。夏は涼しくちょっと湿っぽい場所が理想の環境。そんな庭なら、ぜひ育ててほしい美しい秋の野草です。

## 愛され上手で聡明で

# ムラサキシキブ

学名：*Callicarpa japonica*
シソ（クマツヅラ）科ムラサキシキブ属
花ことば：愛され上手、聡明な女性

15の春、高校入試の国語の問題に「『源氏物語』の作者はだれか」との設問がありました。「紫……しきぶ。色部じゃない。式部だわ」。緊張して頭がこんがらがったことを、今でもよく覚えています。

平安時代に書かれた『源氏物語』は、みなさんご存じのように、主人公の光源氏の生い立ちから一生の間の恋物語を、花鳥風月の自然描写とともに巧みに描いた長編小説です。草木や花は約１２０種類が登場し、植物の文化史を知るうえでも貴重な資料です。でも『源氏物語』に、ムラサキシキブという植物は登場しません。名前の由来からわかります。

諸説ありますが、江戸時代の初期は「実紫（みむらさき）」や「玉紫（たまむらさき）」と呼ばれていたものを、江戸時代の植木屋が紫式部になぞらえてつけた。また、果実が重なりあってつくので、京都で「紫重実（むらさきしきみ）」と呼んでいたのが変化した、という説もあります。いずれにしても、才女の紫式部にあやかった名前になって、イメージがよくなり、得をしたと思います。

そんな植物のムラサキシキブですが、シソ科（旧クマツヅラ科）ムラサキシキブ属で、日本や中国、台湾などに自生し、秋に実る赤紫色の光沢がある実が人気の美しい落葉樹です。庭植えでよく利用されるのは、近縁種のコムラサキ。わかりやすい違いは実のつき方です。ムラサキシキブはまばらで葉先の縁全体にギザギザの切り込みがあります。たいしてコムラサキはブドウのように果実が多数集まってつき、葉の上半分しかギザギザがないので区別ができます。

山野に自生する落葉低木のムラサキシキブ

いずれもやや湿り気がある土で栽培します。半日陰でも育ちますが、日当たりのよい場所のほうが実が多くつくでしょう。

ムラサキシキブの花ことばには「愛され上手」「聡明（そうめい）な女性」があります。私もぜひあやかりたいものです。

## 透明の粘液は侍の整髪剤に

# ビナンカズラ（サネカズラ）

学名：*Kadsura japonica*
マツブサ科サネカズラ属
花ことば：再会、好機をつかむ

水戸市植物公園の売店で、赤く輝く実をつけた植物を見つけました。小さな果実がひとかたまりの球状になって、枝に下がっています。ビナンカズラ（正式名はサネカズラ）です。日本の山野に自生する常緑の蔓性植物です。赤い実を乾燥させてから、実がとろけるまで煎じ、これを飲むと滋養強壮やせき止めの薬になるそうです。

初めてビナンカズラを見たのは学生時代です。自然研究会で筑波山に登るため、大学からバスに乗りました。30年以上も前の話ですが、青い制服を着た女性の車掌さんがいてビックリしました。ガタゴトと揺られながら、筑波鉄道の筑波駅に到着。鉄道に乗って酒寄（さかより）駅で下車し、ここから山に向かいました。

「筑波山の中腹は暖かいので、ミカンの北限になっているんだ。ちょっと酸味が強い小さなミカンだよ」。坂道を登りながら、先輩からそんな話をうかがいながら進んでいくと、葉がちょっと肉厚の蔓性植物が樹木に絡まっていました。
「これはビナンカズラだ。江戸時代、お侍さんがチョンマゲを結うときに使ったんだよ。男前になるから『美男葛（びなんかずら）』というんだ」。葉をもんでみるとベトベト感があり、これをポマードみたいに髪に使うのかと思ったら、そうではありません。蔓を縦に裂いて30分ほど水につけます。すると透明の粘液が出てきて、これを整髪剤として使ったようです。これなら髪形も思いのまま。男前になって彼女のハートも射止められるでしょう。

ビナンカズラの果実はひとかたまりの球状に

しばらくして東京・白金台にある国立科学博物館附属自然教育園でも、生け垣仕立てになったビナンカズラを見ました。春に直立していた蔓を誘引して仕立てたのでしょう。

最初は絡まない蔓が生育するといつか絡みあう、そんな姿から花ことばは「再会」「好機をつかむ」。久々の再会に、私にもなにかよいことが——とワクワクしたことを思い出します。

# サザンカ

## 風や霜が苦手、日当たりが好き

学名：*Camellia sasanqua*
ツバキ科ツバキ属
花ことば：謙譲、愛敬

半ドンで小学校から早く帰った土曜日の午後、母と兄の3人で何か所か穴をあけた灯油缶で、たき火をしました。そのなかで焼き芋をつくるのが目的です。アルミホイルをゆっくり開いて、ホクホクのお芋をいただくのですが、「早く早く」と心待ちにしながら歌ったのは童謡「サザンカ　サザンカ　咲いた道　たき火だ　たき火だ　落ち葉たき〜」です。

サザンカ（山茶花）は四国や九州に自生するツバキ科の常緑植物です。江戸時代から庭木として愛され、園芸品種は300を超えます。列植して生け垣にすると花の壁ができ、すばらしくきれいです。ただしツバキと違い花が終わるとポトッと落ちず、花びらがバラバラに落ちるので掃除が大変です。

一つひとつの花は色も形も変化があって、ため息が出るほど美しいのに、あんまり話題にならないのはなぜかしら。この花の美しさに気づいていない人が多いように思えます。

わが家には、鉢植えのサザンカが8種類あります。10月に開花する「初鏡(はつかがみ)」は白地で、優しいピンクのぼかしが縁に入るあでやかな花。見ると思わずほほえみたくなります。

ほかでお気に入りは「朝倉」で、10月にピンクのつぼみがたくさんつきます。それが花開くと白花に変わります。でもほんのりピンクが残るんです。清楚(せいそ)な色気。私は大好きなのです。

サザンカの花は色も形も変化がある

今年もたくさんつぼみがついてつぎつぎ開花し、朝倉は今、満開です。サザンカは日陰に耐えて咲くイメージがありますが、日当たりが好きで北風や霜が苦手なんです。わが家は日当たりは大変よいのですが、冷たい風が吹くと直撃を受けます。さらに霜が降りると、花はもちろん、つぼみまでもが茶色に変色し落ちてしまいます。そのため、風の当たらない、日向ぼっこできる場所に移しました。

日本に咲く美しいサザンカの花、品種と場所を選んで咲かせてくださいね。

## 宝塚から譲っていただいた命

# ユーパトリウム

学名：*Eupatorium ligstrinum*
キク科ヒヨドリバナ属
花ことば：思いやり、ためらい

「花の少ない12月も咲き続ける貴重な花ですよ」「それなら、ひと枝いただける？　挿し木をして水戸で育てるから」。２０１１年12月16日、兵庫県の阪急宝塚駅近くにあった英国風庭園「宝塚ガーデンフィールズ・シーズンズ」を訪れたとき、こんなやり取りをしながら譲っていただいたのが「ユーパトリウム・リグストリナム」でした。

聞き慣れない名前ですが、秋の七草の一つのフジバカマの仲間です。キク科の半常緑低木で、中南米原産といわれます。つやのある葉に淡雪のような優しい花が咲きます。派手ではありませんが、ガーデンのなかで存在感がありました。

シーズンズの前身は１９２７（昭和２）年に開設された日本でも歴史ある宝塚植物園で、レトロで上品な設計の美しい大温室が自慢でした。２００３年9月に、植物園からおしゃれなガーデンとして再出発をはかっただけに、園内には貴重な遺産といえる珍しい植物がさりげなく植えられていました。このユーパトリウムもその一つ。手持ちの図鑑にも載っていない、宝塚植物園だからこそ保有していた植物なのでしょう。寂しくなった初冬のガーデンでもっとも咲き誇っていた花でした。

あれから約3年。私が水戸市内にある英国庭園「七ツ洞公園」の「秘密の花苑（はなぞの）」の管理を始め、シーズンズは昨年末に閉園し、跡地も更地になったようです。スタッフの無念さを思うと目頭が熱くなります。水戸で花苑がよみがえり、宝塚では幕を閉じる。なんと対照的な運命でしょう。多くの人に愛されるくふうと情熱、応援してくれるみなさんがいないとガーデンは守り抜けないことを痛切に感じます。

ユーパトリウムの挿し木苗は順調に育ち、一昨年の秋に花苑に植えました。寒くなってもがんばって咲くけなげな花に、シーズンズを重ねて見てしまいます。いつまでも水戸で咲いて見守っていてね。宝塚のガーデンを私は忘れないから。

晩秋まで花が咲き続けるユーパトリウム

# ネコが寄ってきてスリスリ
# サルナシ

学名：*Actinidia arguta*
マタタビ科マタタビ属
花ことば：誘惑

いつか自宅で栽培して食べてみたいと思っていたんです。あこがれの山の果実、サルナシ（猿梨）。サルが我を忘れて食べるから、この名前になったとか。おいしいうえに、ビタミンCといった栄養価が高く、疲労回復などの効能があるといわれているのです。

2〜3㎝ほどの小さくて緑色の果実は、秋に実ります。果実を横に切った断面は、ニュージーランドで品種改良されたキウイフルーツにそっくり。中国原産のシナサルナシを改良したのがキウイですから、似ていて当然ですよね。雌雄異株と雌雄同株の品種があります。果実を楽しみたいなら、後者を選ぶといいでしょう。

サルナシは、マタタビ科マタタビ属の落葉性蔓植物です。わが家では二鉢を栽培しています。近所のネコたちが鉢のそばにつぎつぎにやってきてスリスリしたり、株の根元を掘ってみたりするのです。彼らが喜ぶような匂いがある肥料をあげたかな……。いろいろ考えました。そうか、マタタビの仲間だからか、とやっと気づきました。サルナシ栽培はネコのストレス解消によろしい。ネコ好きの方に教えてあげたいです。

学生時代、筑波山でたわわに実るサルナシの姿を2回見ました。日当たりのよいやぶのてっぺんです。蔓がめちゃくちゃに絡んだなかに、緑色の果実が光り輝いているんです。手を伸ばしたって無理。それこそサルじゃないと取りに行けないような場所でした。

サルナシの果実は果実酒の適材

さて、ようやく自宅で実るようになりました。といっても、自慢できるほどの量ではありません。小さな粒がひとかたまりになっているのですが、何粒か落ちると実が大きく育っていますから、来年は摘果も必要かな、と考えています。お酒に漬けると抜群においしいと聞いているので、増量作戦を鋭意、練っています。

やはりいちばん大事なのは気持ちなんでしょうね。ネコに負けないほどに、もっとサルナシと向き合うようにしなければ。

## 誇り高く、逆境に耐えて咲く

# ハマギク

学名：*Nipponanthemum nipponicum*
キク科ハマギク属
花ことば：逆境に立ち向かう

茨城県のよいところは、山もあって海も楽しめることです。東京から水戸に引っ越してきたときは大洗の海がうれしくて、ドライブがてら、よく出かけました。月夜の晩に見た海は、水面に映った月が長い銀の橋のように見えて幻想的でした。日中は青い海と白い波しぶきに見とれます。そしておすすめしたいのは、海岸の植物の観察です。

たとえば、海岸植物にはこんな特徴があります。①塩分を含んだ潮風や強い日射光線に負けないように葉が厚い、②海風で倒れないため背が高くならず、はうように生育する、③水分が少ない砂浜で乾燥に耐えるため根が深く地中に伸びる、などなど。環境に応じた形態に感心します。初夏ならハマヒルガオ、夏から秋はハマゴウなど花が美しい種類もあり、なかでも秋に咲く白い花のハマギク（浜菊）の群落は忘れることができない美しさです。

ハマギクはキク科ハマギク属で、青森県から茨城県の太平洋側の海岸に自生する日本原産の野菊で、茨城県が南限です。学名は「ニッポナンテムム・ニッポニクム」（*Nipponanthemum nipponicum*）といい、意味は「日本の花の日本」で、日本が二つもつく、まさに日本を代表する名誉ある名前です。

先日、久々に北茨城でハマギクに再会しました。太平洋の大海原に向かって咲く姿は誇り高く、海風や乾燥など数々の困難な環境にも耐えぬいて咲くその凜とした美しさは、逆境で輝く星のようにも見えました。

日当たりと風通しがよい場所で、水はけがよい用土で育てれば生育は容易です。私も花屋さんで買って自宅で育てようと思いました。でもすぐに考え直しました。厳しい環境にいるからこその美しさですものね。だから、あのシーンを心にとどめて帰ることにしました。

今も目を閉じれば、海に向かって咲くハマギクの輝かしい姿を思い出すことができますから。

厳しい環境で美しい花を咲かせる

column

## リンドウの気遣い観賞

数年前の初夏、那須にある山野草店を訪ねました。「おや、これは……」と目についたのがリンドウの苗。土が新しいので、最近株分けしたばかりの様子。「お買い得ですよ」という店主のことばどおり、大きめに株分けされたもの。すぐに買い、家に帰ると二つに分けて植え直しました。

リンドウは濃いブルーの花が秋空に映えて美しいですよね。どこか懐かしさも感じさせる秋の花ですが、薬草としても有名です。根に強い苦みがあります。消化不良や食欲不振に効果がある薬として利用されます。

乾燥しやすい場所にリンドウを植えると、土が乾くので夏に根が弱ります。ときどき強い日ざしがあるため葉が焼けます。リンドウは光は好きですが、強い日ざしは苦手なんです。なので夏は半日陰で涼しく、やや湿り気がある場所が栽培に適しているのです。

さてその後、岩手県から当園に視察がありました。花の生産者の方もいらしたので、私が「岩手のリンドウはすばらしいですね。園芸品種『いわて乙女』は有名ですし……」と絶賛したところ、数日後に立派な切り花が送られてきました。まっすぐ伸びた茎につぼみが多数ついたエゾリンドウの園芸品種でした。花が開ききらずに控えめに咲くのが特徴です。

私が自宅で育てている鉢植えのリンドウは八重咲きで、小さいながらはなやかに見えます。光が当たると開き、曇ると閉じる様子が気になって、つい見に行ってしまいます。

先日、庭先のテーブルの上に置いて楽しもうと思ったとき、気づきました。風通しがよすぎて土が乾いてしまうなって。そこで地面に置いたレンガの上に鉢をのせています。ご機嫌を見ながらの観賞。これもまた楽しいものです。

第４章

# 冬の花にひかれて

甘い香りの小花をつけるヒヤシンス

身近な薬種としても重宝

# ユズ

学名：*Citrus junos*
ミカン科ミカン属
花ことば：健康美

「今年は当たり年だね」という水戸の友人から、黄色く熟したユズ（柚子）を山ほどいただきました。あのさわやかな香り、好きなんですよね。

ユズはミカン科ミカン属で、さわやかな香りと酸味を楽しむ「香酸柑橘」。原産地は中国。日本には相当昔に伝わったようで、柑橘類のなかでも耐寒性が強く、東日本でも広く栽培されています。5月ごろに白い花が咲き、11月には黄色い果実が実ります。

ユズの花びらの外側はつぼみのときは薄い紫色を帯びているものもありますが、花が開くにつれて紫色は薄れていきます。花びらの内側は白く、花弁にユズの香りを含んだ油胞（ゆほう）があり、開花するとユズのさやわかな香りが漂ってきます。

また、果実は完全に黄玉に色づくと果肉の発達が止まるのにたいし、果皮が発達してふくらむため、いわゆる浮き皮が見られます。果汁は成熟するにつれて多くなり、完全に色づくまでがもっとも多い時期です。

先日、植物公園の薬草栽培ボランティアの実習で、いただいたユズを切って酢と氷砂糖につけてサワーにしました。夏の園芸作業後に冷たい水で割って飲むと最高ですが、晩秋でも冬でもとにかく元気になります。これからの季節、果実を搾ってめんつゆと合わせたオリジナルポン酢をつくります。冬の鍋に香りとおいしさをもたらしてくれます。

種子は焼酎に漬ければ、ペクチンという成分の効果で、プルルンとした保湿効果たっぷりの液体ができます。お風呂あがりに、かかとなどにつけるといいでしょう。それと果実を5月の菖蒲（しょうぶ）湯のように、そのままお風呂に浮かべるのもおすすめ。果皮に含まれる香りの成分が皮膚を刺激して血行をよくし、疲れを取る効果があります。ユズは身近な薬種にもなるのです。

ユズは耐寒性のある香酸柑橘

# アザレア

## はなやかな姿になって逆輸入

学名：*Rhododendron* Belgian Indian Group
ツツジ科ツツジ属
花ことば：禁酒、恋の悦び

筑波大学が開学して40周年。同窓会の役員をしている私は、11月の学園祭で開かれた記念事業に参加できました。最先端の研究報告を聞き、活躍する同窓生に会って元気をいただいてきました。

「やぼったかった学園祭も今は洗練され都会的になったな」。そんなことを思いながら、学内を巡りました。本部棟前のしだれ桜は、東京教育大学の保谷(ほうや)農場から移植した、と恩師が話していたっけ。この松林は春にシュンランがいっぱい咲いていたなあ……。そして「一の矢宿舎」のカーブを曲がると、農林技術センターがあります。私は学生時代、ここの温室で「アザレアの開花調節」をテーマに卒業研究をしていました。

アザレアは19世紀にベルギーを中心に品種改良された常緑性ツツジの総称で、「ベルジアン・アザレア」ともいいます。日本のツツジも交配親となり、明治時代にははなやかな姿に生まれ変わって逆輸入されました。冬から春にかけて咲くのは促成栽培されたもので、自然開花は5月。強い霜に当てなければ、屋外での栽培も可能です。

指導教官に学生は私一人。親子のように仲良しで、アザレアの一大産地、ベルギーのヘントまで視察に出かけたほど。大学の温室で多数の品種を育て、花芽分化や薬剤の反応を調査しました。冬から春の温室はアザレアが満開。薄ピンクの花が上品な「マダム・ボーフィン」、花の色がはなやかな「エリー」「アズテック・ジョイ」。白花の「清朗」、優しいピンクの「浜の粧（よそおい）」……。今もあの光景がよみがえってきます。

鉢花として人気のアザレア

残念なことに恩師が退官後にアザレアは整理され、温室にその姿はありません。最先端の研究とともに、生きた標本である植物たちを守り、つぎに引き継いでほしい、と心から願います。

そしてこの季節、花屋の店頭に並ぶアザレアを見ると、心のなかでつぶやいてしまいます。

「卒業できたのは、あなたのおかげ。ありがとう」

果実は黄金色の染料に

# クチナシ

学名：*Gardenia jasminoides*
アカネ科クチナシ属
花ことば：とても幸せです

1960年代の後半、私が小学生のころの話です。お正月になると、下町の公園に自転車でやってくるおじさんがいました。やわらかい餅のような白いものを手でビヨーンと伸ばしてなにかの形をつくっていきます。絵筆で目や模様を書き添えると、できあがり。「わあ～っ、鶴だっ」。あめ細工売りのおじさんだったのです。「作品」を透明の袋に入れてくれますが、もったいなくて食べられません。鶴は袋に入ったまま、タンスの上に飾っていました。甘くておいしいあめだったのかなあ。今でも気になります。

ところでお正月にいただく甘いもの、といえば栗きんとんです。材料のサツマイモを美しい黄金色に仕上げるには天然着色料のクチナシ（山梔子）の実を入れます。

クチナシはアカネ科クチナシ属で四国や九州の暖地に自生します。梅雨のころに咲く白い花は甘くて上品な香りを放ち、冬は果実がオレンジ色に染まります。乾燥した果実が生薬で山梔子（さんしし）といい、消炎や止血薬などに使われます。徳川光圀の命で刊行された医学書『救民妙薬』にも、毒消しや皮膚病の薬として載っています。

4年前、水戸市立常磐（ときわ）小学校で、水戸藩にまつわる薬草の話をしてほしいと頼まれました。持参したのが乾燥したクチナシの果実。ハサミで果実を切ってお湯につけると、「黄色くなった！」と子どもたちは大喜び。それから薬草の話をし、薬草茶をいただきました。水戸の歴史に登場する薬草を楽しく学ぶ機会にすることができました。

美しい花だけではない、植物の魅力を多くのみなさんにお伝えしたい。そんな思いをこめて、成人の日に午前11時から1時間ほど、私が植物公園をご案内します。ハトムギやエビスグサの薬草茶をふるまわせていただきます。

クチナシの果実はオレンジ色の楕円形

## クリスマスを飾る色あざやかな鉢花

# ポインセチア

学名：*Euphorbia pulcherrima*
トウダイグサ科トウダイグサ属
花ことば：私の心は燃えている、祝福する

間もなくクリスマス。小学生のころはおもちゃ屋で買ってもらったツリーを窓辺に、天井にはラメのモールを飾って、家族とチキンとケーキを食べるのが楽しみでした。

高校1年のイブ、私は中華料理店でアルバイトでした。ラジオから流れてくる都はるみの「北の宿から」を聞きながら皿を洗い、店主のつくった中華丼やラーメンなどをせっせと運んでいました。午後8時、仕事が終わるとケーキとチキンを買うため、店を猛ダッシュで出ました。その日は母が体調を崩して寝込んでいたので、私が夕食係だったのです。ケーキは買えたものの、チキンは売り切れ。鶏肉ならいいか、と炉端焼きの店に寄って焼き鳥を買って帰りました。でもなにか違う。やっぱりクリスマスは西洋の行事。違和感いっぱいのイブの思い出でした。

そんな洋風のクリスマスムードを高めてくれる植物といえば、ポインセチアです。トウダイグサ科トウダイグサ属で原産地はメキシコです。日が短くなると小花を咲かせ、その周辺にあざやかな赤の苞葉をつけます。その赤と緑の葉の対比がクリスマスカラーそのものなので、この時期に利用されるようになったそうです。

以前、ある植物園の温室で高さが２m以上あるポインセチアを見ましたが、これが本来の姿です。鉢花でポインセチアを栽培する場合、そんなに伸びては困るので成長を抑え、草姿を整える目的で矮化剤を与えます。学生時代、筑波大学農林技術センターの温室では矮化剤処理の実験が行われていたので、この時期は真っ赤なポインセチアを毎日見ていました。

冬の鉢花では寒さに弱いポインセチア

そして最近、あるレストランの店先に数鉢並ぶポインセチアを見つけました。生育適温は20～30度と高め、最低10度は必要です。本当は暖かいところが好きなのです。「寒さに弱く、霜に当たると枯死しますから……」と店の方に声をかけようか、迷っているところです。

## 日ざしを浴びてキラキラ輝く球体

# ヤドリギ

学名：*Viscum album*
ビャクダン科ヤドリギ属
花ことば：私は困難を克服する、愛情、迷信

12月に入って、水戸市の千波湖畔（せんばこはん）の森に出かけました。「ほら、あれですよ」。案内してくれた方が指さす先には、葉を落としたエノキの大木。直径20～30㎝から1m近い緑色の球体が50個以上もついていました。これ、ビャクダン科ヤドリギ属に属すヤドリギ（宿り木）という半寄生植物なんです。エノキやケヤキなど落葉高木の幹に根をくい込ませ、樹木から水分と養分を吸収します。

西洋のヤドリギはミスルトーと呼ばれ、古来、神聖で不思議な力を持つ植物とされます。クリスマスと関係が深く、小枝の束を天井からつるして装飾にしたりします。その下では女性にキスすることが許される。そんなおもしろい言い伝えがあります。

球状の姿は遠くからでもめだちます。日ざしを浴びてキラキラと光るさまを見ていたら、ディスコで輝いていたミラーボールを思い出しました。

１９７０年代後半、米映画「サタデー・ナイト・フィーバー」が大ヒット。世の中がディスコブームのとき、親から許可をもらって出かけたのが東京・新宿の「ツバキハウス」でした。ジュリアナ東京やマハラジャという有名店などが出現する前、お立ち台がない時代です。

半寄生植物のヤドリギ

人気の曲が流れると、いっせいに同じステップで踊るので、元気な盆踊り大会といった感じでした。そんななか、頭上でキラキラと回っていたのが、小さな鏡を球形に取りつけたミラーボールだったのです。

最近は見る機会がありません。不思議な力をもつヤドリギの下にいたら、あの夢のような晩をふたたび体験できるかしら。もちろん当時のような華麗な?ステップは足がもつれて無理ですけど。

## 花の少ない時期に神々しい姿

# マホニア

学名：*Berberis* × *media* 'Charity'
メギ科メギ（ヒイラギナンテン）属

冬の庭ほど寂しいものはありません。一昨年から水戸市内にある七ツ洞(ななつどう)公園の「秘密の花苑(はなぞの)」に花を植え始めましたが、花がもともと少ない時期。どうしたらいいものやら……。昨年末、ため息をつきながら入り口の階段を上り、フッと見上げると、わが目を疑いたくなるものが視界に飛び込んできました。

3ｍほどの木の先に、黄色の小さな花が長さ20㎝ほどの穂状になって、いくつも咲いているではありませんか。寒々と咲くパンジーや、主役顔のミニハボタンが咲くなか、なんとも神々しい。マホニアでした。あまりなじみのない名前ですが、茶庭によく植えられるヒイラギナンテンの仲間といえば、おわかりになるでしょうか。

ヒイラギナンテンは中国や台湾などが原産なのに、英名は「ジャパニーズ・マホニア」。属名のあとにつける名称「種小名」も「ジャポニカ（日本産の意味）」と命名されています。

なぜでしょう？　１７７５〜７６年、長崎にあったオランダ商館の医師をしていたツンベリーが学名をつけたのですが、日本各地でよく植えられていたのを見て日本原産と思ったとか。

マホニアの高さは２〜３ｍ。葉の先が鋭いトゲ状になっているので、触れるとヒイラギのように痛く、３〜４月に黄色の花が咲きます。花苑で咲くのは、おそらくヒイラギナンテンと、12〜２月の厳寒期に花をつける中国雲南省原産の「マホニア・ロマリーフォリア」の交雑種だと思います。青空をバックに写真を撮ると、その美しさは格別です。花苑が開設されたときから植えてあるので、もう15年の間、ジッと花苑を見てきた主といえるでしょう。

マホニアは小さな花を穂状につける

土壌改良と移植を行ったので、春になったらマホニアが植えてあるエリアに新しい草花を植えます。マホニアが寂しくないように、このエリアは冬でもなにかしら花が咲くように、と考えています。

## パンジー

### 寒さに強く冬花壇の主役

学名：*Viola × wittrockiana*
スミレ科スミレ属
花ことば：私を思ってください、思想、もの思い

12月はクリスマスや新しい年を迎える準備で、部屋に花を飾りたくなる月です。花屋にはすてきにアレンジされた洋風の花束がいっぱい並んでいますが、昭和40年代初めの花屋は、どちらかといえば生け花用の切り花が中心で、洋風のものは少なかったと思います。

小学生のころ、買い物かごをさげた母と、客でごった返す商店街によく出かけたものでした。八百屋、乾物屋、みそ屋、傘屋と、専門の商店が連なるなか、花屋はもっとも私のお気に入りでした。暮れが押し迫った日の夕暮れどき、商店街の狭い通りは買い物客でいっぱい。大人の間から顔を出し、花屋で見つけたのはパンジーだけの小さな花束でした。濃い紫の花色で、ビロードのような上品な質感。花嫁が持つ小さなブーケのよう。そんな洋風の花束なんて、見たことがありませんでした。

地面に置かれた器に3束くらい残っていたでしょうか。しゃがみ込んで花を見つめ、母

におねだりしないで、自分のお小遣いで買い、勉強机の上に飾りました。始終、顔を近づけて、甘いというより、すがすがしい香りを楽しんでいました。

今も毎日、花と接するものの、時間をかけてジッと花を見つめていることが少なくなりました。一つの花を大切にした貴重な思い出です。

愛にまつわる英名が多いパンジー

パンジーといえば冬花壇の主役。寒さに強いので、この時期の花壇には定番の花です。ただ、切り花のパンジーにはあれ以来お目にかかったことがありません。あのパンジーは茎が硬く直立し、しっかり咲いていました。インターネットで調べるとないわけではありませんが、フリルがはなやかな品種で、私が好きだった素朴な花ではありません。

それならば、と切り花用パンジーを種まきから育てることにしました。いつか自分のための花束をつくるつもりです。そして「あなたのことを思っています」という花ことばを、パンジーに捧げたいと思っています。

風雪に耐え、けなげに咲く

# クレマチス・ホワイトエンジェル

学名：*Clematis urophylla' White Angel'*
キンポウゲ科センニンソウ属
花ことば：精神的な美しさ、高潔、たくらみ、心の美しさ

ガーデンファンのあこがれの聖地といえば、イギリスにある「シッシングハースト・キャッスル・ガーデン」です。高く刈り込まれた垣根やレンガ塀で庭が仕切られ、まるで連続した部屋のようで、部屋ごとに違う花が登場します。庭を巡っている間、期待と感動で胸がいっぱいだったことを覚えています。

でも当初は、廃園のようなありさまだったということです。1930年に詩人のヴィタと夫で外交官のハロルドが購入し、再生したのです。39年12月、ヴィタはハロルドにこんな手紙を送りました。「私は白い花だけですてきなシーンをつくりたいの。白いクレマチス、ラベンダー、アガパンサス、アネモネ、ユリなどを使って」。その思いはガーデンの象徴となっているホワイトガーデンとして実現しました。

そして2012年12月、このガーデンを教科書のようにして設計された水戸市七ツ洞公

園の「秘密の花苑（はなぞの）」を再生するメンバーが集まったとき、「ホワイトガーデンにしよう」と決めました。そこで植えたのが白いベル型のクレマチスのホワイトエンジェルでした。

　中国原産のキンポウゲ科で、12～3月に咲く冬咲きの常緑タイプです。花後に枝を短く切らずに長く伸ばせば翌年、花が多く楽しめます。枝が順調に伸びたおかげで、今年はウットリするほどアイボリーホワイトの花がきれいに咲きました。

冬に満開を迎えるクレマチス・ホワイトエンジェル

　11月に降った雪で花が傷んだろうな、と覚悟して見に行きましたが大丈夫。寒風のなか、けなげに咲いていました。
　ヴィタのように理想の庭をつくるには、秘密の花苑に住みながら花の世話をするべきなのでしょうね。でもそれは無理な話。せめて今年より多くホワイトエンジェルの花を、来年に咲かせることをめざしましょう。

## ビワ

### 茶色の産毛に包まれて開花

学名：*Eriobotrya japonica*
バラ科ビワ属
花ことば：温和、ひそかな告白

私が通った東京・下町の小学校のそばに公園があって、放課後になると紙芝居のおじさんが子どもたちを待っていました。「寄り道はいけません」。先生から注意されていましたが、紙芝居を見ながら食べるソースせんべい、型抜きなどが楽しくて誘惑に負けていました。そんな公園からの帰り道、かならず通るのが耳鼻科医院前でした。初夏になると、オレンジ色のビワの実が塀からはみでて実っていました。「食べてみたいなあ。でも手が届かないね」。友達とよく見上げたものです。

さて、そのビワですが、花はいつ咲くと思いますか。正解は冬です。茶色い産毛のような毛にビッシリ覆われた萼（がく）に包まれ、まさに冬に咲いているんです。バラ科ビワ属の常緑高木で、原産地は中国。果実は食用に、葉は薬用に利用されます。寒さにやや弱いので、冬は強い霜が降りない、日当たりと水はけのよい場所に植えるとよいです。

最近、小学校の同窓会がオリンピックの年に開かれるようになりました。「あの人、だれだっけ」。失礼なことを言ったり、久々の再会を喜びあったり……。その会場で、うれしいことがありました。

「あのとき、友達になってくれてありがとう」。小学5年のときに転校してきた貞子ちゃんに言われたのです。転校初日、「一人で帰るのは寂しいだろうな。方向が同じだから誘ってみよう」と私が彼女に声をかけ、いっしょに帰ったことが忘れられないくらいうれしかった、と。それから貞子ちゃんとは仲良しになりましたから、きっとビワの実を二人で見上げたんでしょうね。

幼なじみといっしょに歩いた道をなんだか訪ねてみたくなりました。昔の「私」にありがとうです。

庭先果樹としても栽培されるビワの花

## 水戸徳川家ゆかりの上品な蘭

# パフィオペディラム

学名：*Paphiopedillum cvs.*
ラン科パフィオペディラム属
花ことば：思慮深い

花びらの一部が袋状になっているので「食虫植物かな」と思う方もいるかもしれませんが、東南アジアを中心に熱帯～亜熱帯アジアに分布するランです。ギリシャ語のパフィア（ビーナス）とペディロン（サンダル）の2語を組み合わせた名前で「ビーナスのスリッパ」という意味です。略してパフィオと呼ばれます。

今から24年前、水戸市制100周年を記念するイベントに、水戸徳川家第14代当主の故・圀斉（くになり）氏が栽培、育種したパフィオ「水戸徳川家の蘭」を借りようと、所蔵していた川崎市の向ケ丘遊園に当時の上司といっしょにお願いに行きました。

温室の戸を開けると、棚下に設けた池のおかげか、ムッとした独特の香りがしました。直射日光を防ぐ日よけで、なかは薄暗い。茎や枝が伸びすぎないのか心配になりましたが、大きく伸びた葉には大きくてしっとりした上品な花が咲いていました。

向ケ丘遊園は残念なことに2002年に閉園したのですが、その前年だったか、「水戸で栽培しませんか」と声をかけられ、2回にわたって引き取りにいきました。

それから10年余り。東日本大震災のときも、この花だけは絶対に枯らすことはできないと、家庭用のストーブを持ち込んで暖房しました。映画「フラガール」でちょうどそんな場面がありましたね。

そのスパリゾートハワイアンズ（福島県いわき市）で開催された洋ラン展で特別展示をしたこともありました。浮輪につかまりながら水着姿でパフィオを観賞しているお客さんたちの光景はなんとも不思議で、忘れられない思い出です。

巡り巡って水戸に戻ってきたパフィオは、圀斉氏が初代会長だった蘭科協会の洋ラン展（水戸市植物公園）でも毎年お披露目しています。

花びらが袋状のパフィオペディラム

実も種も葉も有用

# モモ

学名：*Persica vulgaris* (Prunus persica)
バラ科モモ（サクラ）属
花ことば：私はあなたのとりこです

3月3日は桃の節句。女の子の健康と幸せを祈り、おひなさまを飾ります。小学1年生のとき、同級生のお宅に遊びに行くと、赤い毛氈（もうせん）に飾られた何段ものりっぱなおひなさまがありました。ひなあられを食べ終わると室内で「かくれんぼ」をすることになりました。男の子といっしょに隠れたのですが、その場所がおひなさまの裏でした。別の意味でドキドキして、身体を小さくして隠れたことをよく覚えています。そんな狭い場所に隠れることができるくらい小さな女の子だったんですね。桃の節句のおかげか、予想以上に大きく成長しました。

ところで、おひなさまといっしょに飾る花といえばモモの花です。中国から渡来したバラ科の落葉小高木で、ピンクの花が自然に咲くのは4月です。モモは古代から女性の象徴とされ、魔よけや邪気を払う霊木とか、中国では不老長寿を与える果実といわれました。

花も実も楽しめるモモ

昔話の桃太郎はモモから生まれて鬼退治に出かける話ですが、古くから伝わる物語は、モモを拾って食べたおじいさんとおばあさんが若返って子どもができ、その子どもの名前が桃太郎という内容だそうです。おいしいモモを食べれば、みんな元気になりますよね。

でも薬になる部分は種子です。実を食べると硬い核が出てきます。このなかに入っているアーモンドのような部分が種子で、「桃仁（とうにん）」といわれる生薬になります。漢方では滞った血を改善するのに使われます。

また、モモの葉を煎じた液は、肌を引き締める作用があるので化粧水にしたり、風呂に入れて入浴したりすれば、あせもや湿疹に効果的といわれます。

美しい花もおいしい果実も種子も葉も、みんな役にたつモモですが、私は夏にいただく甘く優しい果実がやはり好き。どれくらい好きかと聞かれれば、答えはモモの花ことばにあるように、「私はあなたのとりこです」。

## 球根選びは念入りに

# ヒヤシンス

学名：*Hyacinthus orientalis*
キジカクシ（ユリ）科ヒヤシンス属
花ことば：控え目な愛、勝負、悲しき愛情

今はホームセンターで、いつでも花や球根が買える便利な時代になりましたが、小学生のときは球根をどこで買ったか、記憶をたどると、それは小学校でした。

リストが配布されて予約が入ると、放課後におじさんがやってきて、まるでお祭りの屋台のような楽しい雰囲気のなかで、区切られた板のなかにチューリップ、スイセン、クロッカス、ヒヤシンスなどさまざまな球根が並びます。同時に販売されていたのが水栽培用の容器で、当然子どもたちは水栽培も、やってみたくなります。私の同級生のほとんどは、このようにして球根を買い、植物を育てる喜びを経験したはず。小さい容器はクロッカス、大きな容器はヒヤシンス。花が咲いたときのうれしさは忘れることができません。

大人になってしばらくは、そんなことさえ忘れていました。あるとき、久しぶりにまた水栽培をやってみようかな、という気になって、ヒヤシンスの球根と専用の容器を購入しました。もっとも大切なのは球根の選び方です。見た目は傷がなく、持ってみると重量感がある、とくに根が出る底の部分が傷んだり、カビが発生したりしていないか、細かくチェックしないと後で悲しい結末が待っています。

10月下旬から11月に球根の底が２～３㎜くらい浸るよう、容器に水を入れます。根が出るまでは暗くて涼しい場所に置きます。寒さに当てないと花が咲かないので置き場所には要注意です。根が出たら水位が球根の２～３㎜下になるよう水を減らし、明るい場所に移します。水が腐れば球根も腐るので１週間ごとに水は替える――。こんな作業がうまくできれば、早春に水栽培のヒヤシンスがめでたく花開きます。

甘い香りも魅力のヒヤシンスの花

昨年の結果は、１球だけ選び方が悪く、底にカビが生えてしまいました。大人になって知識は豊かになったものの、視力が弱って球根の選び方が適切ではなかったようです。世の中なかなかうまくいかないものですね。

幸せを招く飾り花として

# フクジュソウ

学名：*Adonis amurensis*
キンポウゲ科フクジュソウ属
花ことば：幸せを招く

暖冬のおかげか今年は春の花の目覚めが早いようです。弘道館や偕楽園ではウメが、水戸市植物公園では薬草園脇の日当たりがよく暖かいくぼ地で、フクジュソウ（福寿草）の花が開き始めました。

別名を「元日草（がんじつそう）」といい、江戸時代から正月の飾り花として愛されてきました。じつは真冬に咲く花ではありません。正月に開花するように12月に保温して開花促進させた株が、松竹梅の寄せ植えに使われます。自然開花は3月ごろですから、今年はかなり早い開花です。キンポウゲ科フクジュソウ属の多年草。落葉樹の下で、春はよく光が当たる場所に自生します。勢いよくふくらんだ芽は大きくて力強く、曇りや夜間は閉じ、光が当たると花が開きます。

もし浅鉢の寄せ植えにフクジュソウが入っていたら、花後に取り出して単品で植え直してください。寄せ植え用に根を短く切られていますが、本来は根の量が多くて長く伸びますから。開花時期は日当たりのよい場所に置きましょう。花が終わると切れ込みのある葉が伸びて茂ります。このときに肥料をあげ、夏は地上部が枯れたら涼しい場所で管理をします。秋に石灰を混ぜた土で植え替えたり、株分けをしたりするとよいでしょう。

日本各地の里山に自生するフクジュソウですが、なぜか関東近郊や甲州街道あたりに変異株が発見され、江戸時代後期に一気に栽培植物として人気が出ました。黄色の花はもちろん紅や白、咲き方もバラエティーに富み、八重咲き、段咲きなど100を超す品種があったそうです。種をまいて花が咲くまで約6年といわれますから、江戸時代の人々は丹精こめて育てあげたのでしょう。貴重な品種は残念なことに昭和になって失われました。

縁起がよい名前で、花ことばも「幸せを招く」。フクジュソウはみなさんに、幸せを招いてくれるかもしれません。ぜひお宅でも育ててみてください。

フクジュソウの花は新年を祝うように咲く

# あとがき

「朝日新聞で連載をしませんか?」。記者の猪瀬明博さんから声をかけられて茨城県版に「花のある暮らし」と題したコラムの掲載が始まり、なんと3年余りにわたり連載させていただきました。

私の思い出をこんなに書いていいものか、と最初は戸惑いましたが読者の方の評判はよく、共感したというお葉書もいただき、気持ちよく思い出をつづらせていただくことにしました。ありがたいのは、猪瀬さんの的確な原稿のチェック。裏をとってくださるのは、「さすが新聞記者!」と感謝することばかり。写真担当の主人と3人で、文科系サークルで同人誌をつくっている気分でした。

水戸に来てから30年になりますが、後ろをふりむく暇もなく走り続けています。忙しい毎日でも文章を書くのはまったく苦ではなく、お風呂に入りながら名案が浮かんだり、昔のノートを見直して楽しくエピソードを思い出していました。

文章の書き方は国語の授業で習った「起承転結」。これに尽きます。受験勉強のときに

ノースポール

習った国語は、とても役にたっています。よい機会をつくっていただいた朝日新聞に謝意を表するしだいです。

さて、忙しいなかでも可能なかぎり私の好きな時間をつくるようにしています。植物の植え替えをしたり、大好きな本を読んだり、季節の果物でジャムをつくったり、ハーブを乾燥させたり……。

「花のある暮らし」は楽しく、日々に潤いをもたらします。みなさんもぜひチャレンジし、植物とかかわることで暮らしを充実したものにしていただければ幸いです。

そして最後に、出版するきっかけをつくってくださった旧知の編集者である高田奉子さん、最後まで面倒を見てくださった朝日新聞社の猪瀬明博さん、出版してくださった創森社の相場博也さんをはじめとする編集関係の方々、写真を撮影してくれた主人の西川正文に心から感謝するとともに、朝日新聞の連載を楽しみにしてくださったみなさん、水戸市植物公園に30年も勤務させてくださった水戸市役所にも感謝の気持ちでいっぱいです。

著者

ツバキ

## ◆植物名さくいん（五十音順）

＊印は４色グラビア掲載頁

著者スナップ。サルビアの前で

イングリッシュラベンダーの開花

●

日本音楽著作権協会
（出）許諾第1713525-701号

デザイン――塩原陽子
ビレッジ・ハウス
企画協力――高田奉子
写真――西川正文
校正――吉田 仁

## 著者プロフィール

**●西川 綾子**（にしかわ あやこ）

水戸市植物公園園長。園芸研究家。

東京都生まれ。筑波大学農林学類で花卉園芸学を専攻。花壇設計、園芸誌編集に従事後、水戸市植物公園開園とともに技師に。1993年より現職（水戸 養命酒薬用ハーブ園の園長を兼任）。NHKテレビ「趣味の園芸」の講師を務め、2009年に第14回NHK関東甲信越地域放送文化賞を受賞。日本植物園協会常務理事も務め、植物公園の拡充はもとより、テレビ番組出演、著述、講演活動などを繰り広げ、花卉園芸ファンの拡大に努めている。

著書に『魅せる花づくり～花壇・寄せ植えのデザイン～』江尻光一氏との共著（家の光協会）など。

西川綾子の花ぐらし——育てる・彩る・愛でる

2018年1月22日　第1刷発行

著　　者——西川綾子

発 行 者——相場博也

発 行 所——株式会社 創森社

〒162-0805 東京都新宿区矢来町96-4

TEL 03-5228-2270　FAX 03-5228-2410

http://www.soshinsha-pub.com

振替00160-7-770406

組　　版——有限会社 天龍社

印刷製本——精文堂印刷株式会社

 ISBN978-4-88340-320-2 C0061